常见蜗牛
野外识别手册

编著 吴 岷

重庆大学出版社

图书在版编目（CIP）数据

常见蜗牛野外识别手册／吴岷编著. — 重庆：重
庆大学出版社，2015.9（2024.12重印）
（好奇心书系·野外识别手册系列）
ISBN 978-7-5624-9040-1

Ⅰ．①常… Ⅱ．①吴… Ⅲ．①蜗牛—识别—手册
Ⅳ．①Q959.212-62
中国版本图书馆CIP数据核字（2015）第094537号

常见蜗牛野外识别手册

编著 吴岷

策划：鹿角文化工作室

责任编辑：梁 涛　　版式设计：周 娟 刘 玲
责任校对：邹 忌　　责任印制：赵 晟

*

重庆大学出版社出版发行
出版人：陈晓阳
社址：重庆市沙坪坝区大学城西路21号
邮编：401331
电话：(023) 88617190 88617185（中小学）
传真：(023) 88617186 88617166
网址：http://www.cqup.com.cn
邮箱：fxk@cqup.com.cn（营销中心）
全国新华书店经销
重庆亘鑫印务有限公司印刷

*

开本：787mm×1092mm　1/32　印张：7.5　字数：257千
2015年9月第1版　2024年12月第5次印刷
印数：14 001—17 000
ISBN 978-7-5624-9040-1　定价：38.00元

FOREWORD 前言

蜗牛和蛞蝓，也就是陆生贝类，是我们习见的一类陆地动物。

然而，陆生贝类在自然界中的生存现状令人担忧。根据国际自然保护联盟（IUCN）的评估，在全球的陆生软体动物中，极危和濒危的比例占41.1%，远高于昆虫、鱼类、两栖类、爬行类、鸟类和哺乳类中同级别的比例。在我国，目前已有375个海洋、淡水和陆生贝类物种得到濒危等级评估，除其中105种缺乏数据外，有4.4%的物种灭绝，53.0%的物种为濒危或极度濒危。在已评估的273种陆生贝类中，濒危以上等级的比例更高达54.9%。因此，我国陆生贝类的多样性变化和栖息地现状亟待关注和研究。

亲近自然，融入自然已成为许多人的生活方式。而残酷的现实是：许多地区的生态环境已经或正在遭受严重的毁坏，很多蜗牛种类在我们了解以前即已灭绝，而更多的蜗牛物种正处于灭绝的边缘。为了便于贝类爱好者在野外辨识蜗牛，帮助大家更好地保护陆生贝类和防治少数外来入侵蜗牛，特意编写了本手册。此举如能起些许作用，则善莫大焉。

众多野外生物摄影爱好者朋友参与了本手册中图片的准备，这些精美图片见证了他们在深山、溪谷、丛林中的跋涉、守候、发现与欢欣。在我们腾讯QQ群（牛棚——蜗牛爱好者之家，群号242199612）中活跃着的朋友们，陈尽、程志营、达玛西、杜莉、范毅、高林辉、郭良鸿、寒枫、侯勉、黄秦、计云、杰仔、姜虹、雷波、来益同、李成、李迎星、量子基金、刘思阳、莫水松、倪迎潮、单子龙、食草的狼、杨永升、岳长庚、汪阗、王九棠、吴限、徐竟甯、杨妙、杨自忠、小骨、张巍巍、张信、曾伟、曾令晗、赵江波、周法康、朱浩文（以上部分为网名）等诸位蜗友和自然摄影爱好者，为本书图片的准备付出了大量的劳动，在此对他们致以崇高的敬意和真挚的感谢。

在物种鉴定和成书过程中，得到了俄罗斯科学院动物研究所贝类

部 Pavel Kijashko 博士、俄罗斯科学院远东土壤与生物研究所的 Larisa Prozorova 博士、英国自然历史博物馆 Fred Naggs 教授、德国瑟肯堡自然历史博物馆贝类部 Ronald Janssen 博士、贝类学家 Hartmut Nordsieck 先生，以及俄罗斯科学院 Anatoly A. Schileyko 教授、德国贝类学家 Jürgen Jungbluth 博士等专家和朋友的无私支持和帮助。此外，本手册所涉及的部分野外调查和博物馆标本研究得到了国家科技部（2006FY120100）和国家自然科学基金（31071882，30670253）的资助。我对各位朋友和南京大学有关部门所惠予的关心和帮助由衷地表示感谢！

记得当年父亲去海南写生，曾带回两只体型硕大的褐云玛瑙螺。父亲说，在当地安静的清晨，能听到它们一齐啃食草叶所发出的沙沙声。那时还是中学生的我对此颇感神奇。而今 30 年过去了，我从事贝类学研究已近 20 年，这一巧合是否又与这两只蜗牛有关呢？

由于水平和时间有限，书中的问题和错误在所难免，在此恳请广大专家和陆贝爱好者予以批评指正。

吴　岷

2014 年 5 月于南大和园

目 录 CONTENTS

LAND SNAILS

V

入门知识
introduction

什么是蜗牛和蛞蝓

蜗牛和蛞蝓是陆生的软体动物。软体动物最早出现于寒武纪早期，为地球上演化最成功的一类动物，现生种类估计超过 100 000 种。软体动物具有一些共同的特征：为无脊椎动物，具有柔软的身体，大多数具有碳酸钙质地的硬壳。人们熟悉的软体动物有蚌、蛤、牡蛎、蜗牛、海螺、鱿鱼、乌贼等。其中，以蚌、蛤、珍珠贝、砗磲等为代表的双壳类和以蜗牛、蛞蝓、田螺和各类海螺为代表的腹足类，拥有软体动物中 99% 的物种数量。从分类上，所有的软体动物分为 7 纲，即无板纲（Aplacophora）、单板纲（Monoplacophora）、双神经纲（Amphineura）、掘足纲（Scaphopoda）、双壳纲（Bivalvia）、头足纲（Cephalopoda）、腹足纲（Gastropoda）。这些纲中，仅有腹足纲成功地登陆，演变为一支适应干旱陆地生活的动物类群，它们中的大多数用布满血管的肺而非鳃来进行气体交换。

蜗牛和蛞蝓为一类重要的土壤无脊椎动物，多取食新鲜或腐败的植物性食物，如地衣、苔类、真菌、新鲜或半腐的植物组织及着生于枯叶上的藻类等，少数为掠食性和兼食性。陆生贝类常在狭窄的分布区内形成巨大的生物量，是多类群的昆虫、两栖类、爬行类、鸟类、啮齿类和食虫类等哺乳动物的食物。陆生贝类寿命为数月至 25 年，寿命超过 2 年的种类几达半数，因此蜗牛较许多陆生无脊椎动物长寿，从而能为掠食者在冬季及其他食饵短缺期提供维系生命的食物。此外，蜗牛、蛞蝓也能因其独特的活动方式对某些植物（所谓"蜗媒植物"）授粉。因此，陆生蜗牛和蛞蝓在生态环境中起着关键的物质、能量传输者的作用。

我国陆生软体动物约有 2 000 余种，它们在分布上并不均匀。大量蜗牛和蛞蝓的物种集中分布于我国中西部山地，其绝大部分成员具有极其狭窄的分布范围，呈典型的斑块状分布。

　　蜗牛和蛞蝓生态意义重大、濒危程度高是我们关注这类软体动物最重要的原因。

●①红火蚁攻击巴蜗牛。②琥珀螺被双盘吸虫寄生，后者能侵入蜗牛头部的眼柄，控制其运动到容易被鸟发现的地方，吸引鸟来捕食。被鸟取食后吸虫又在鸟体内产卵，并通过带卵的鸟粪感染新的蜗牛个体。③实验室内狮纳蛞蝓捕食非洲大陆蜗牛幼螺，通过外消化作用以喙管吸食蜗牛。④步甲在捕食阿尔泰樱蛞蝓。⑤麻蝇对环绕杂斑螺行拟寄生后羽化。⑥萤甲幼虫捕食烟管螺成体。⑦步甲捕食条华蜗牛。⑧被鸟类啄食后残留的华蜗牛空壳。⑨双色胡氏螺在取食烟管螺卵。

　　大多数蜗牛和蛞蝓种类不会对周边农作物和环境造成危害，相反，陆生贝类是各类捕食者重要的食物（如下图），在自然系统中发挥着重要的生态服务功能。伴随人类生活的种类中，极少数对农林业造成危害，或是有害寄生物中间宿主而间接危害家养动物或人类。此外，入侵贝类对侵入地的生物多样性，尤其是土著陆生贝类多样性有着极严重的负面影响。此外，有一些蜗牛种类成为人类动物蛋白来源，或成为一类传统的风味食材。

●褐云玛瑙螺（又称非洲大陆蜗牛）是一类危害严重的外来入侵蜗牛，目前已入侵我国福建、台湾、广东、广西、海南、云南等地。

蜗牛和蛞蝓的形态特征

　　陆生贝类的传统分类主要以贝壳和软体部分的形态作为鉴别特征。因此，了解外部形态和内部解剖形态对于蜗牛的鉴定至关重要。外部结构包括贝壳、外套膜、腹足等，内部解剖结构包括生殖系统、神经系统、齿舌等。

眼
呼吸孔
贝壳
头部
上触角
下触角
生殖孔
足
外套膜缘
肛门
尾部

●具左旋贝壳的蜗牛，示其贝壳和外部特征。

　　陆生贝类体型差别较大，习惯上，成体贝壳大小级别按贝壳主径（即最大径）来划分，小于等于 3 mm 的个体称为微小型，3~10 mm 的个体称为小型，11~30 mm 的个体称为中型，大于 30 mm 的个体称为大型。贝壳对陆贝主要起着保护作用，许多蜗牛在受掠食者威胁时能缩回壳内，而遇不适气候时蜗牛也能缩回体内，进行时间或短或长的蛰伏。有些陆生贝类的身体不能完全缩入体内，这些种类通称为"半蛞蝓"，而另一些贝壳很小且隐入皮肤之下，这类常称为"真蛞蝓"或"蛞蝓"。对于真蛞蝓而言，其贝壳位于心脏、血管丛和肾脏（合称"外套复合体"）的背面，从而对重要脏器起到保护作用。

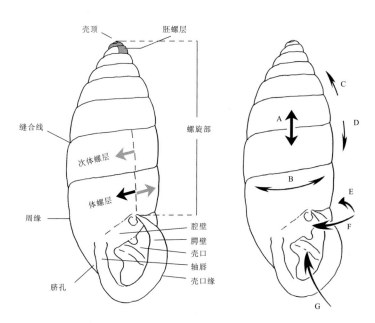

●左，贝壳上的部位：壳顶，壳口，体螺层（自壳口起的第一层），次体螺层（体螺层上部的一个螺层），轴唇，胚螺层（初孵幼体即具有的螺层，与胚螺后螺层间常具有明显的界线），腭壁，腔壁，壳口缘，周缘，螺旋部，缝合线，脐孔。右，贝壳描述中的方向：A，轴向／放射向／生长线向；B，螺旋向／横向；C，向壳顶；D，向壳底／向脐孔；E，背壳口向／反壳口向；F，向壳口向；G，朝向壳口内。

　　　贝壳测量项通常包括贝壳高、贝壳主径、壳口高、壳口宽、脐孔径、螺层数，具体测量方法见下图。

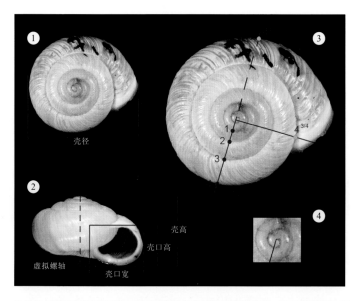

壳径

$4^{3/4}$

壳高

壳口高

虚拟螺轴

壳口宽

●①此处的壳径为壳主径。②以垂直的虚拟螺轴来确定壳高、壳口高和壳口宽时所借助的矩形。③最初螺层所形成的准半圆（如④的放大图所示）的半圆过径割线向背离缝合线起点方向延伸时，与缝合线的第二个交点以上的部分为一个螺层，与缝合线的第三个交点以上的部分为两个螺层，依次类推；本图所示的贝壳具 $4\frac{3}{4}+$ 个螺层，此处"+"表示在螺层计数精确到 $1/8$ 时，螺层数多于 $4\frac{3}{4}$ 而少于 $4\frac{7}{8}$。

除了贝壳的测量特征和旋转方向外，贝壳表面的壳饰，如雕饰（肋、螺旋向细沟等）或角质层衍生结构（毛、鳞等）等也是在种内稳定的特征。

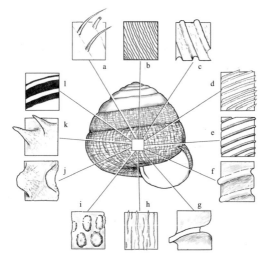

●蜗牛贝壳的雕饰及角质衍生结构。a，角质毛；b，生长线或横向条纹；c，肋或小肋；d，螺旋向的螺旋线或条纹；e，螺旋向细沟；f，旋纹，条脊；g，龙骨状突起；h，细纹；i，锤纹；j，节结；k，棘；l，色带。

陆生软体动物大多为雌雄同体，但需要交配繁殖。也有极少数种类能自体授精、单体繁殖。不同种类的蜗牛和蛞蝓繁殖时，双方互相嗅闻生殖孔附近部位，而从触角至生殖孔之间的部分也是其嗅觉感受器最为丰富的体表区域。调情行为结束后，彼此以外翻的交接器伸入对方生殖孔，传输精荚或精液。有些种类还以矢囊中几丁质或石灰质的恋矢彼此进行刺激。精荚传输至对方纳精囊中，后者分泌酶消化精荚外壳后储存精子。当产卵时，精子又从纳精囊中释放，对卵授精。卵外被石灰质或胶质卵壳，通常由陆贝产在开掘于土壤或腐殖质中的洞穴中。经过一段时间，卵孵化后，初孵小螺／蛞蝓常待在产卵处一段时间，随后四散生存。而有些类群，如某些钻头螺，能卵胎生，即直接产下幼螺。靠近生殖腔的部分称作生殖系统近端部分，其内外部构造在分类上很有价值。此外，精荚形态、卵生／卵胎生等也为分类提供了重要的信息。

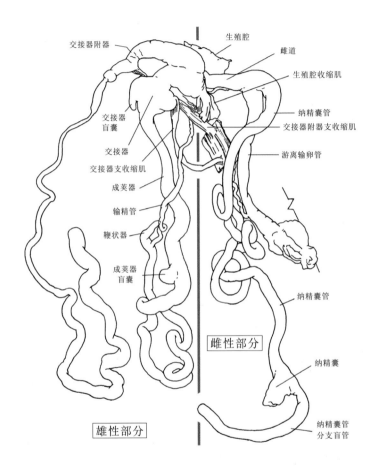

●艾纳螺的生殖系统全面观（输卵管远端缺失），以横丹拟烟螺为例（自 Wu & Wu，2009）。用于陆生贝类分类的特征多来自于图示的生殖系统近端部分；其中又以雄性部分的近端特征最有价值。

　　柄眼类蛞蝓的分类特征包括：外套膜对背部的覆盖程度、呼吸孔的位置、体末端的形态是否具有尾腺、皮肤褶皱的形态、蹠面（即腹足与地表接触的面）是否分成3条纵带、消化道盘旋的情况、心脏轴与体轴的夹角、肾脏的形态及其与心脏的位置关系、贝壳的形态、生殖系统的形态、精子传输的方式（以精荚的方式还是直接以精液的方式）等。

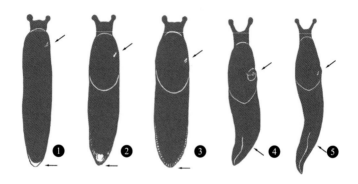

●中国柄眼类蛞蝓的典型背面观。①外套膜几覆盖整个背部（嗜黏液蛞蝓科）；②外套膜覆盖身体前部，呼吸孔位于外套膜的前半部，体末端圆且具有不明显的尾腺（阿勇蛞蝓科）；③外套膜位于体前部，呼吸孔位于外套膜的前半部，体后端圆整（高山蛞蝓科）；④外套膜常覆盖背部的1/3以上，呼吸孔位于外套膜的中后部，体后部具嵴、渐尖（野蛞蝓科）；⑤外套膜不超过背部1/3，呼吸孔常位于外套膜后中部，体后部具嵴、渐尖（蛞蝓科）。上部箭头示呼吸孔；下部箭头示体后端形状。

如何对蜗牛和蛞蝓进行观察和调查

陆生贝类几乎可在所有类型的陆地生态环境中生活，而石灰岩地区则常常具有最丰富的陆生贝类多样性。一般而言，在较潮湿的环境中会观察到比干旱的环境中种类、数量更多的陆生贝类；而常年干旱的环境，如荒漠等，则不仅由于以前鲜有考察者重视而可能存在一些易被忽略的罕见物种，并且也可能由于缺乏陆生贝类天敌而成为蜗牛的乐园。因此，对陆生贝类非典型分布地的调查也是很有意义的。

在复杂的生境中，对陆生贝类可能的栖息环境要有充分的估计。如在树皮下、朽木中、苔藓中、枯枝败叶下、挺水植物上、灌木梢端及高大植物的茎干及枝条、受阳光炙烤的岩壁等处进行观察，往往会有意想不到的收获。

在针对蜗牛的调查中，应注意对石块及农田附近进行搜索，尤其在单调的环境中，石块与地面形成的空隙就成为其聚集栖息或休眠之所，而且往往石块越大，栖息于其下的成熟个体越多。

●石灰岩地区是陆生贝类多样性最丰富的地区之一。①滇桂交界地区的石灰岩露头点；②渝黔交界地区石灰岩成为扁平毛巴蜗牛最好的栖息地。

陆生贝类在活跃季节，行晨昏性活动。故调查采集活动通常在凉爽而潮湿的清晨、傍晚或阵雨后进行，此时也是观察、记录繁殖行为的合适时机。我国主要地区的陆生贝类的集中繁殖期为春秋两季。

●射带蜗牛的交配。

●嗜黏液蛞蝓的交配。

●褐云玛瑙螺在产卵。

●环境良好的地点被多种蜗牛选作共用的产卵场所。

当确定需要采集标本以用于科学研究时，需要十分注意的是，在搜索或观察后应尽量将蜗牛栖息的小生境按原样恢复，以尽量减少对蜗牛栖息环境的干扰。同时，应根据类群的濒危程度，尽量不采集、少采集；原则上避免采集幼体。如果是单纯地提取 DNA 等分子材料，则可在蜗牛腹足末端处适当取一小片肌体，此系非致死的"少损伤"方式。

因研究或保育的目的而运输蜗牛活体时，为防止排泄物、黏液等污染容器而造成蜗牛死亡，可在蜗牛软体部分充分缩回壳内后，用 2～3 层纱布将单个动物紧紧包裹、保定，然后将其置入充分透气的容器内进行运输，这样可使蜗牛死亡率降至最低。

软体动物标本贝壳主要为碳酸钙质地，博物馆保藏时，最好避光存放在金属标本柜中。橡木等壳斗科植物木材能缓慢释放酸性气体，应避免使用以这些材料制成的标本盒、柜，以避免贝壳标本受到腐蚀。带有软体部分的标本可在 75% 乙醇中永久保存。

出于科学研究和保育的目的，有时我们需要在人工环境下饲养蜗牛和蛞蝓。一般地，陆生贝类的饲养可在 18 ～ 28 ℃、相对湿度 60% ～ 80% 的标准培养室中进行。饲养容器应无毒、无嗅，其底部铺一层取自标本采集地的土壤、腐殖质及石块，或等比例的黄土 / 花园土加清洗过的细沙，或视蜗牛大小、容器体积大小等具体情况，在容器底部均匀铺一层 1 ～ 8 cm 厚的蛭石。如饲养蜗牛，在蛭石中可混入 5% ～ 10% 的 $CaCO_3$；如饲养蛞蝓类，可直接使用蛭石。成螺的食料可以为生菜叶和 / 或各类真菌，辅以不超过青饲料量 10% 的蜗牛饼干；幼螺可同时提供新鲜生菜叶和经沸水烫过的生菜叶。我使用的蜗牛饼干配方和制备方法为：鸡蛋壳粉 6%、大豆 27%、蛋鸡饲料 16%、玉米 50%和维生素 C 1%，充分粉碎、混匀后制成 1 cm³ 见方的块状，然后放入微波炉缓慢加热干燥 2 次后取出，密封保存。

中国陆生贝类的分类系统

主要依据目前比较公认和流行的 Bouchet 和 Rocroi（2005）的腹足纲分类系统，整理中国的陆生贝类科以上阶元及分科如下，其中，肺螺类由于在总科与亚纲级阶元之间有较多阶元层级，为避免使用超 / 总目、目和亚目等的说法，通称为"类"，肺螺类以下各类群的系统关系见下图（仅包括中国已知类群）。

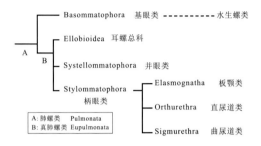

- Basommatophora 基眼类 ----------- 水生螺类
- Ellobioidea 耳螺总科
- Systellommatophora 并眼类
- Stylommatophora 柄眼类
  - Elasmognatha 板颚类
  - Orthurethra 直尿道类
  - Sigmurethra 曲尿道类

A: 肺螺类 Pulmonata
B: 真肺螺类 Eupulmonata

● Bouchet 和 Rocroi 2005 对肺螺类（以往分类系统中的肺螺亚纲或肺螺目，此处为非正式群）的分类，其中仅包括中国已知的类群。

腹足纲 Gastropoda
前鳃亚纲 Prosobranchia
古腹足目 Archaeogastropoda
树螺总科 Helicinoidea Férussac, 1822
● 树螺科 Helicinidae Férussac, 1822
潮地螺总科 Hydrocenoidea Troschel, 1857
● 潮地螺科 Hydrocenidae Troschel, 1857
中腹足目 Mesogastropoda
环口螺总科 Cyclophoroidea Gray, 1847
● 环口螺科 Cyclophoridae Gray, 1847
● 倍唇螺科 Diplommatinidae L. Pfeiffer, 1857
● 蛹状螺科 Pupinidae L. Pfeiffer, 1853

麂眼螺总科 Rissoidae

●拟沼螺科 Assimineidae H. Adams & A. Adams, 1856

肺螺类 Pulmonata

真肺螺类 Eupulmonata

耳螺总科 Ellobioidea L. Pfeiffer, 1854

●耳螺科 Ellobiidae L. Pfeiffer, 1854

并眼类 Systellommatophora

复套蛞蝓总科 Veronicelloidea Gray, 1840

●复套蛞蝓科 Veronicellidae Gray, 1840

●纳蛞蝓科 Rathouisiidae Heude, 1885

柄眼类 Stylommatophora

板颚类 Elasmognatha

琥珀螺总科 Succineoidea Beck, 1837

●琥珀螺科 Succineidae Beck, 1837

直尿道类 Orthurethra

槲果螺总科 Cochlicopoidea Pilsbry, 1900

●槲果螺科 Cochlicopidae Pilsbry, 1900

蛹螺总科 Pupilloidea Turton, 1831

●蛹螺科 Pupillidae Turton, 1831

●幼塔螺科 Pyramidulidae Kennard & B. B. Woodward, 1914

●瓦娄蜗牛科 Valloniidae Morse, 1864

●旋螺科 Vertiginidae Fitzinger, 1833

●球果螺科 Strobilopsidae Wenz, 1915

艾纳螺总科 Enoidea B. B. Woodward, 1903

●艾纳螺科 Enidae B. B. Woodward, 1903

曲尿道类 Sigmurethra

烟管螺总科 Clausilioidea Gray, 1855

●烟管螺科 Clausiliidae Gray, 1855

玛瑙螺总科 Achatinoidea Swainson, 1840

●玛瑙螺科 Achatinidae Swainson, 1840

●钻头螺科 Subulinidae P. Fischer & Crosse, 1877

扭轴螺总科 Streptaxoidea Gray, 1860

●扭轴螺科 Streptaxidae Gray, 1860

圈螺总科 Plectopyloidea Möllendorff, 1898

●圈螺科 Plectopylidae Möllendorff, 1898

孔穴蜗牛总科 Punctoidea Morse, 1864

●孔穴蜗牛科 Punctidae Morse, 1864

●圆盘螺科 Discidae Thiele, 1931

腹齿螺总科 Gastrodontoidea Tryon, 1866

●轮状螺科 Trochomorphidae Möllendorff, 1890

勇蜗总科 Helicarionoidea Bourguignat, 1877

●勇蜗科 Helicarionidae Bourguignat, 1877

●拟阿勇蛞蝓科 Ariophantidae Godwin-Austen, 1888

蛞蝓总科 Limacoidea Lamarck, 1801

●蛞蝓科 Limacidae Lamarck, 1801

●野蛞蝓科 Agriolimacidae H. Wagner, 1935

阿勇蛞蝓总科 Arionoidea Gray, 1840

●高山蛞蝓科 Anadenidae Pilsbry, 1948

●阿勇蛞蝓科 Arionidae Gray, 1840

●嗜黏液蛞蝓科 Philomycidae Gray, 1847

蜗牛总科 Helicoidea Rafinesque, 1815

●巴蜗牛科 Bradybaenidae Pilsbry, 1934

●坚螺科 Camaenidae Pilsbry, 1895

●潮蜗牛科 Hygromiidae Tryon, 1866

潮地螺科 Hydrocenidae

① 沟地欧螺 *Georissa sulcata*

贝壳陀螺形；右旋；坚固；无脐孔；略透明；棕红色；具螺旋向细沟，螺旋部锥形；壳顶略钝，光滑；螺层数 4.5，缝合线深；壳口半椭圆形；口缘简单；壳高 1.5 mm，壳径 1.2 mm。

● 分布：广东。

② 汉氏地欧螺 *Georissa hungerfordiana*

贝壳陀螺形；右旋；无脐孔；轴向和螺旋向条纹密集交织，形成粗糙的表面；深角色；螺旋部锥形；壳顶略钝，光滑；具 4.5 个极凸出的螺层，体螺层略膨大；壳口倾斜，半卵圆形；壳口缘简单；胼胝部薄；轴柱膨大；壳高 2.5 mm，壳径 1.75 mm。

● 分布：广东、湖南。

环口螺科 Cyclophoridae

③ 法氏环口螺 *Cyclophorus fargesianus*

贝壳扁陀螺形；右旋；脐孔极狭窄；具斜向条纹；螺旋部小，螺层具细小锯齿纹；体螺层膨大，周缘成角，向壳口迅速上升；壳口白色，多层；壳高 25 mm，壳径 30 mm。

● 分布：四川和重庆等地。

❶ 褐带环口螺大型亚种 *Cyclophorus martensianus macroformis*

贝壳陀螺形；右旋；脐孔狭窄；深灰角色，具精细条纹，不连续色带多条；螺旋部高，发黑；螺层数 5，螺层凸出；口缘双层，内层直，与胼胝部相连，外层反折、增厚而不连续；厣略凹陷；壳高 22.5 mm，壳径 24.5 mm。

● 分布：湖北、江西等地。

❷ 梨形环口螺 *Cyclophorus pyrostoma*

贝壳锥形；右旋；脐孔狭窄；轴向具纤细斜纹；底部中央具阔深色条带；螺旋部具连续而斑驳的箭头纹，下部具不连续的浅栗色条带；壳顶灰色；5 个螺层，体螺层十分膨大，周缘圆钝或常略呈龙骨状；壳口金黄色或火红色；少倾斜；口缘多褶，厚，反折，膨大，与次体螺层连接处呈三角形结构；厣深黄色，极凸起；壳高 25 mm，壳径 31 mm，壳口径 17.5 mm。

● 分布：海南。

❸ 南京环口螺 *Cyclophorus nankingensis*

贝壳陀螺形；右旋；脐孔狭窄；灰角色或褐色，具 1 条或多条色带；螺层数 5，螺层凸出，体螺层周缘圆整；壳口几不倾斜，壳口缘双层内唇圆形，边缘锋利，平直，外唇很少扩大或反折；厣略平，薄；壳径 19 mm。

● 分布：江苏。

❹ 附管皮氏螺 *Pearsonia gredleri*

贝壳盘状；右旋；脐孔宽阔；壳顶扁平；4.5 个螺层，具清晰的螺旋纹，与渐疏的轴向纹相织；仅初 1.5 个螺层光滑。角质层薄，具栗色壳饰。壳口倾斜，极圆，壳口缘连续，呈双唇状，内部边缘展开；口缘外部边缘亦展开，在上部和外侧较宽阔，与体螺层相接处呈翼状，其后具一紧贴螺层表面的短呼吸管；壳高 7.5 mm，壳径 17.0 mm，壳口径 5.7 mm，脐孔径 6.0 mm。

● 分布：海南。

❶ 谬扁脊螺 *Platyrhaphe erronea*

贝壳扁；右旋；壳顶突出；脐孔极扩大，灰白色；螺层数 4，螺层突出，缝合线深；壳口环形；口缘直而不反折，上部具翼状突起。

● 分布：安徽。

❷ 连州褶口螺浏阳亚种 *Ptychopoma lienense liuanum*

贝壳脐孔宽；右旋；圆盘状；坚固，有光泽，绿角色，具红棕色斑纹；周缘具 1 色带以及其下细齿纹；螺旋部突出而壳顶钝；螺层数少于 5，螺层凸出，体螺层膨大，不向壳口方向下降；口缘白色；壳高 10 mm，壳径 22 mm。

● 分布：湖南。

倍唇螺科 Diplommatinidae

❸ 川倍唇螺 *Diplommatina setchuanensis*

贝壳卵圆锥形；右旋；螺旋部不发达；脐孔封闭；白色；螺层数 7，螺层极凸出；次体螺层最膨大；轴柱缘倾斜；壳高 7 mm，壳径 2.5 mm。

● 分布：四川。

❹ 短轴倍唇螺指名亚种 *Diplommatina paxillus paxillus*

贝壳卵圆椎形；右旋；上具规则小肋，硫磺色；壳顶尖；螺层数 6 ~ 7，螺层凸出，体螺层狭窄，向壳口方向上升；壳口几乎垂直，近环形；口缘双层；轴柱短而弓起；壳高 3.5 mm，壳径 1 mm。

● 分布：四川、湖南、湖北和上海等地。

① 尖顶倍唇螺 *Diplommatina apicina*

　　贝壳塔锥形；右旋；透明而有光泽，角色、绿色或黄色；壳顶尖，常为赭色；上部肋密集而锋利；螺旋部长圆锥状；脐孔或不见；螺层数 8，螺层突出，逐渐增长；次体螺层的后段不膨大；体螺层向壳口极倾斜；轴柱具短而透明的螺旋向皱襞；轴柱缘掩盖脐孔；壳口几乎垂直，近环形；壳口缘双层，外层薄而扩大，内层光滑而钝；壳高 4.5 mm，壳径 2.3 mm。

　　● 分布：贵州。

蛹状螺科 Pupinidae

② 鞍蛹状螺 *Pupina ephippium*

　　贝壳底部卵圆形；右旋；透明，光滑，呈黄琥珀色玻璃样；壳顶锥形；螺层数 6，螺层较扁平；体螺层大；不向壳口方向下降；缝合线变白，明显；壳口几近垂直，环形；上部具沟；壳口缘钝厚，白色，反折；壳高 7 mm，壳径 4 mm。

　　● 分布：湖南和广东。

③ 黄蛹状螺 *Pupina flava*

　　贝壳底部卵圆形；右旋；光滑，呈极富光泽的明黄色；螺旋部钝锥形；螺层数 6，螺层较扁平；体螺层不向壳口方向下降；壳口垂直，环形；壳口缘极厚，黄色，反折，如双唇状；壳口上沟近垂直，由腭壁的胼胝与壳口突出形成，下沟近水平，狭窄，外部开口呈长卵圆形；腭壁胼胝部延伸而成连续的片状；轴缘扩大；厣同本属其他种；壳高 7.25 mm，壳径 4 mm。

　　● 分布：海南。

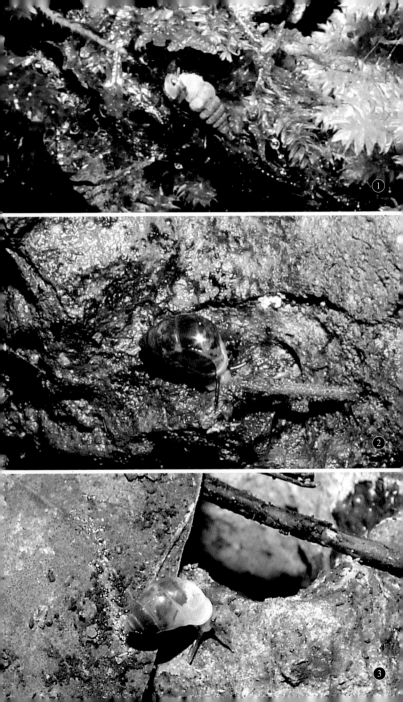

① 约蛹状螺 *Pupina juedelliana*

贝壳长卵圆形；右旋；极具光泽，灰黄色；壳顶钝锥形；螺层数6，螺层近扁平，体螺层大而略上升，基部膨大处在壳口后略收缩，然后即自此处膨大；壳口垂直，圆环形，具环沟，壳口缘增厚，白色，不反折，外侧在螺层接合处后缩，轴柱极扩大；壳口沟2处，下壳口沟几乎水平；厣薄，灰琥珀色，透明，略向壳口内凹陷；贝壳高6 mm；壳口上部宽3.25 mm。

● 分布：海南。

② 角色拟盖螺 *Pseudopomatias cornea*

贝壳半透明，右旋；角色，具规则分布的肋；脐孔狭缝状；螺旋部塔形；螺层数7；缝合线深；壳口平直，口缘厚，环形，双唇；厣角质，薄而透明，4圈；壳高10 mm，壳径4 mm。

● 分布：重庆。

纳蛞蝓科 Rathouisiidae

③ 狮纳蛞蝓 *Rathouisia leonina*

体圆筒形；黏液量少而黏性大；肉色至黄褐色；背面具线形黑点，黑点均匀分布或在背部两侧较密集；上触角黑色，下触角略浅；体长35～60 mm；捕食性，成体以各类无厣蜗牛及其卵为食，在分布地尤以扁平毛巴蜗牛 *Trichobradybaena submissa* 为食；幼体取食具硬壳的蜗牛卵；雌雄异体；掘穴产卵，每次产卵10～49枚；卵球形，烟蓝色，鲜为浅粉色；彼此不相连；卵被覆厚而透明的角质膜。

● 分布：重庆、湖北、江苏等地。

复套蛞蝓科 Veronicellidae

① 高突足襞蛞蝓 *Vaginula alte*

蛞蝓状，扁平，被有具无数疣突的革质外套膜；黑色或棕褐色，背部中央具一条细的黄褐色条纹；上触角长，末端具黑色的眼，下触角分叉，腹足面淡黄色，纵向分为3带，中带具横向褶皱；雌雄生殖孔分离；活动时，体长可达 80 mm 以上。

● 分布：广东、香港、广西和海南等地。

琥珀螺科 Succineidae

② 基琥珀螺 *Succinea arundinetorum*

贝壳卵圆形；右旋；螺旋部短，壳顶尖；浅琥珀色；螺层数3，螺层略凸出；生长线略呈褶皱样；缝合线浅；轴柱弓形，简单；壳口宽椭圆形，很少倾斜；壳高 17 mm，壳径 9 mm。

● 分布：长江中上游。

③ 苔藓琥珀螺 *Succinea carectorum*

贝壳卵圆形；右旋；螺旋部长；壳顶尖；浅琥珀色。螺层数3；缝合线深凹；螺层极鼓出；轴柱弓形，简单；壳口卵圆形，相当倾斜；壳高 13 mm，壳径 7 mm。

● 分布：长江中上游。

幼塔螺科 Pyramidulidae

❶ 缓角幼塔螺 *Pyramidula amblygona*

贝壳扁陀螺形，红棕色；螺层数 4；体螺层周缘具钝的角；具脐孔；壳高 2 mm，壳径 5 mm。本种常栖息于石灰岩表面的小凹坑中。

● 分布：华南。

瓦娄蜗牛科 Valloniidae

❷ 伸展瓦娄蜗牛 *Vallonia patens*

贝壳小而扁；右旋；壳顶较不凸出；脐孔深阔；灰白色；螺层数 3.5；螺层较平坦；缝合线较深；具较疏的膜状肋；体螺层几乎不向壳口下降；壳口极倾斜，卵圆形；具反折但极少增厚的口缘；上缘几乎平直，下缘不对称地弯曲；接入螺层处彼此邻近；壳高少于 1 mm，壳径 2 mm。

● 分布：河北。国外分布于日本等地。

巴蜗牛科 Bradybaenidae

❸ 爪华霜螺 *Sinorachis onychinus*

贝壳圆锥形；右旋；不透明，光亮或极具光泽；体螺层膨大；贝壳白色，胚螺层褐紫色；螺层数 4.75 ~ 5.25，螺层凸出；体螺层向壳口方向平直，周缘略具角度，尤在体螺层的前 1/2 部分更明显；壳口平截卵圆形，极倾斜，无齿，角结节缺如；口缘锋利，几不扩张，除轴唇外不反折；轴柱垂直；轴唇缘倾斜；脐孔狭缝状；壳高 14.0 ~ 16.7 mm，壳径 8.9 ~ 10.1 mm。

● 分布：重庆和湖北。

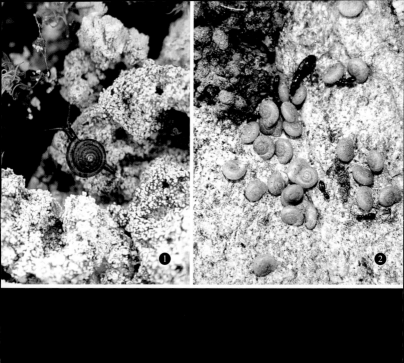

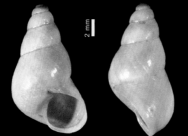

艾纳螺科 Enidae

① 暗线拟烟螺 *Clausiliopsis phaeorhaphe*

贝壳卵圆塔形；壳顶不尖出；右旋；壳质薄而坚固；不透明，有强烈光泽，乳白色，毗邻缝合线有1条狭窄的栗色色带，脐孔区浅栗色；贝壳最膨大部位出现于次体螺层；螺层数11.625，螺层极凸出，生长线通常不十分清晰，无螺旋向细沟；胚螺层平滑，光亮；体螺层朝壳口方向逐渐上升，周缘几乎平直，在反壳口侧、近壳口处不明显地出现密集的或增厚的生长线样褶皱所形成的粗糙区域；壳口面略波曲，平截卵圆形，倾斜，具角结节；腭壁板齿极钝、宽，向壳口内延伸约 3/4 个螺层；腭壁缘圆整；壳口缘增厚，略扩张，除轴唇区外不反折；胼胝部明显；腔壁板齿小，位于角结节后；轴唇缘反折，具一突出而向内延伸的板齿；轴柱垂直，轴唇外缘垂直；脐孔狭窄；壳高 15.1 mm，壳径 4.3 mm。

● 分布：甘肃。

② 布氏拟烟螺 *Clausiliopsis buechneri*

贝壳长卵圆形；壳顶不尖出；右旋；壳质薄而坚固；不透明，具光泽，浅黄褐色，具少量或深或浅的轴向条纹，壳口呈夹褐色调的白色；贝壳最膨大部位出现于体螺层，生长线通常不十分清晰；螺层数 9.125～10.750，螺层凸出，仅脐孔区域具弱而清晰的螺旋向细沟；胚螺层平滑，光亮，胚螺后螺层平滑；体螺层朝壳口方向逐渐上升，周缘圆整，在反壳口侧、近壳口处不明显地出现密集而增厚的生长线样褶皱所形成的粗糙区域；壳口面平，圆角菱形，壳口与螺层接合处不联生，略倾斜，完全贴合于体螺层，具齿，角结节大；腭板齿向壳口内延伸约 1/2 个螺层，腭腔缘圆整；壳口缘增厚，扩张，除轴唇区外不反折；胼胝部明显；腔壁板齿强，通常较角结节长大；轴唇缘反折，具一突出而向内延伸的板齿；轴柱呈弓形，轴唇外缘倾斜；脐孔狭窄；壳高 13.2～14.8 mm，壳径 4.7～5.2 mm。

● 分布：四川西北部。

① **蔡氏拟烟螺** *Clausiliopsis szechenyi*

贝壳长卵圆形，壳顶尖出；右旋；壳质薄，坚固；不透明，无光泽；壳顶呈均匀的浅褐色，随后为灰褐色且有时夹杂很少的白色条纹；近壳口的螺层白色，壳口呈发红的白色；贝壳最膨大部位出现于次体螺层和体螺层；螺层数 10.375 ~ 11.5，螺层略凸出，生长线纤细、略清晰，无螺旋向细沟；胚螺层平滑，略有光亮；体螺层朝壳口方向逐渐上升，周缘平直；壳口面多少呈波形，截卵圆形，壳口倾斜，完全贴合于体螺层，角结节后具腔壁板齿；壳口缘锋利，略扩张，除轴唇区外不反折；胼胝部不明显；腭壁无深凹或皱襞；轴唇缘反折，在中部具 1 枚明显的向内扩展的板齿；轴柱垂直；脐孔狭缝状；成莢器很长，圆柱形，粗细均匀，外部光滑，靠近输精管进入处形成一些盘曲，盲囊端部钝，几乎位于成莢器中部；鞭状器略短；交接器粗细一致，端部与成莢器相连，壁薄，壁柱形成 2 个"V"形结构；交接器突起 1 枚，乳头状；纳精囊具分支盲管，远长于纳精囊，端部不膨大；壳高 14.4 ~ 17.5 mm，壳径 3.7 ~ 4.9 mm。

● 分布：四川、甘肃。

② **格拟烟螺** *Clausiliopsis clathratus*

贝壳卵塔形或纺锭形；壳顶不尖出；右旋；壳质薄而坚固；不透明，具光泽；贝壳褐色，肋色发白，壳口浅褐色；螺层上部着色如贝壳其余部分，螺层数 10.5 ~ 11.25；贝壳最膨大部位出现于次体螺层；生长线通常不十分清晰，螺层凸出，无螺旋向细沟；胚螺层平滑，光亮，所有胚螺后螺层具几乎等距分布的肋，肋间距为 0.2 ~ 0.7 mm；体螺层朝壳口方向逐渐上升，周缘圆整或平直；壳口面略呈波浪状，平截卵圆形，壳口与螺层接合处不联生，倾斜，完全贴合于体螺层，具齿和角结节；腭板齿向壳口内延伸约 3/4 个螺层；腭壁缘圆整；壳口缘增厚，扩张，除轴唇区外不反折；胼胝部明显；腔壁板齿小瘤状；轴唇缘反折，具一突出而向内延伸的板齿；轴柱半弓形。轴唇外缘倾斜；脐孔狭窄，或呈狭缝状；贝壳螺旋向无色带；壳高 12.9 ~ 13.8 mm，壳径 3.4 ~ 3.8 mm。

● 分布：四川西北部。

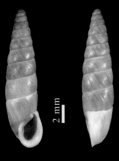

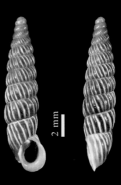

① 横丹拟烟螺 *Clausiliopsis hendan*

贝壳纺锭形；壳顶尖出；右旋；不透明，无光泽；黄褐色，靠近壳口处浅色至白色，壳口黄白色。次体螺层最膨大；螺层数 8.5 ~ 9.75，螺层凸出，无螺旋向细沟；胚螺层平滑，无光泽；体螺层朝壳口方向逐渐上升，周缘圆整；壳口卵圆形，倾斜，具腔壁板齿和角结节；壳口缘增厚，反折但不形成明显的卷边；腭壁有深凹或皱襞，腭壁缘圆整，腔壁胼胝部不明显；轴唇反折，具 1 枚向内延展的板齿；脐孔狭缝状；壳高 14.1 ~ 18.2 mm，壳径 5.2 ~ 6.4 mm。

● 分布：甘肃南部。

② 柯氏拟烟螺 *Clausiliopsis kobelti*

贝壳纺锭形；壳顶不尖出；右旋；半透明，具光泽，褐绿色或灰绿色；壳口白色或红白色；体螺层和次体螺层最膨大；螺层数 8.375，螺层凸出，无螺旋细沟；胚后螺层平滑；体螺层向壳口方向略逐渐上升，周缘圆整；壳口平截卵圆形，倾斜，具齿和角结节，无腭壁皱襞；壳口缘锋利，扩张，反折且具明显的卷边；胼胝部不明显；腔壁板齿弱；腭板齿向内延伸约 1/4 个螺层；轴唇几不反折，具一向内延伸的板齿；脐孔狭缝状；壳高 13.9 mm，壳径 5.2 mm。

● 分布：四川北部。

③ 瘤拟烟螺 *Clausiliopsis amphischnus*

贝壳纺锭形；壳顶不尖出；右旋；不透明，具光泽，壳色两种：无颗粒螺层黄褐色，具颗粒螺层具轴向白色条纹；壳口灰白色；贝壳螺旋向无色带；螺层数 9.25 ~ 9.5；次体螺层最膨大；生长线纤细清晰；螺层扁平，无螺旋向细沟；第 5 层至体螺层具成排而明显的小圆瘤，体螺层朝壳口方向逐渐上升，周缘圆整；壳口面波状，截卵圆形，壳口倾斜，无齿，角结节无；壳口缘增厚，较扩张，反折但不形成明显的卷边，胼胝部明显；壳口反折于轴唇缘；脐孔狭缝状；壳高 12.4 ~ 14.3 mm，壳径 3.8 ~ 3.9 mm。

● 分布：四川。

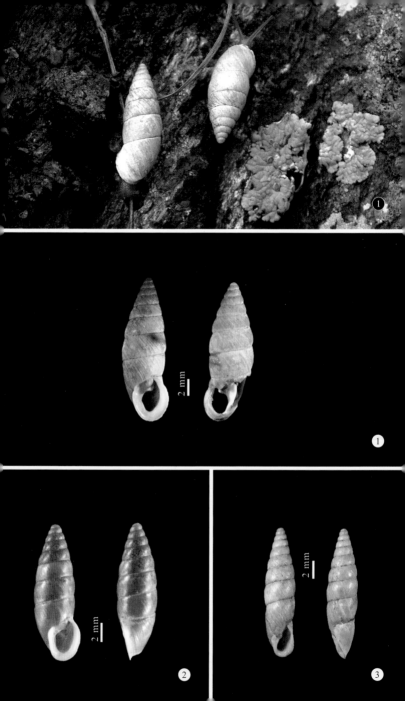

❶ 平拟烟螺 *Clausiliopsis elamellatus*

贝壳柱圆锥形；壳顶不尖出；右旋；壳质薄而坚固；不透明，具光泽，角褐色，具深色条纹和白色增厚；壳口褐白色；贝壳最膨大部位出现于倒数第 3 层至体螺层；生长线精细而清晰；螺层数 11.75，螺层凸出，无螺旋向细沟；胚螺层平滑，光亮，胚螺后螺层平滑；体螺层略逐渐向壳口方向上抬，周缘几平直，在反壳口侧、近壳口处不明显地出现密集的、增厚的生长线样褶皱所形成的粗糙区域；壳口面平，平截卵圆形，壳口与螺层接合处不联生，几乎垂直，完全贴合于体螺层，具齿，具角结节；腭板齿向壳口内延伸约 1/2 个螺层；腭壁缘圆整；壳口缘锋利，扩张，除轴唇区外不反折；腔壁板齿阙如；腭壁具长的螺旋向褶皱；轴唇缘反折，具一突出而向内延伸的板齿；轴柱垂直；轴唇外缘倾斜；脐孔狭窄；壳高 14.4 mm，壳径 3.2 mm。

● **分布：**甘肃。

❷ 瑟珍拟烟螺 *Clausiliopsis senckenbergianus*

贝壳长卵圆形；壳顶不尖出；右旋；壳质薄而坚固；不透明，具光泽；贝壳褐色，肋和壳口白色；螺层上部着色如贝壳其余部分；贝壳最膨大部位出现于次体螺层和体螺层；生长线通常不十分清晰；螺层数 7.25 ～ 7.5，螺层凸出，无螺旋向细沟；胚螺层平滑，光亮，胚螺后螺层具几乎等间距的肋，肋间距为 0.4 ～ 0.5 mm。体螺层向壳口方向平直或逐渐上升地延长，周缘圆整；壳口几乎在一平面上，平截卵圆形，壳口与螺层接合处不联生，倾斜，完全贴合于体螺层，具齿，角结节明显或不明显；无腭壁皱襞，腭壁缘圆整；壳口缘增厚，扩张，除轴唇区外不反折；胼胝部多少明显；腔壁无齿，腭壁无深凹或皱襞；轴唇缘反折，具 1 枚向内延展的明显板齿，后者通常在壳口观不可见；轴柱倾斜；轴唇外缘倾斜；脐孔狭缝状；壳高 9.5 ～ 10.2 mm，壳径 3.3 ～ 3.8 mm。

● **分布：**四川。

1

2

① **肖氏拟烟螺** *Clausiliopsis schalfejewi*

贝壳卵塔形或长卵圆形；壳顶尖出；右旋；不透明，具光泽；胚螺层浅褐色，随后螺层灰白色，均匀间杂有白色和褐色轴向粗细条纹，基部有时具深褐色条纹；壳口为白色或发红的白色；次体螺层和体螺层最膨大；螺层数 8.375 ~ 11，螺层凸出，无螺旋向细沟；体螺层向壳口方向略上抬，周缘圆整；壳口卵圆形，略倾斜，具齿和角结节；无腭壁皱襞，腭壁缘圆整；壳口缘锋利，扩张，反折但不形成明显的卷边；腔壁无齿，腭壁无深凹或皱襞。轴唇缘反折，具 1 枚略扩展至次体螺层的明显板齿；轴柱弓形；轴唇外缘垂直；脐孔狭窄；壳高 19.0 ~ 22.4 mm，壳径 6.0 ~ 9.3 mm。

● 分布：四川北部。

② **白谷纳螺** *Coccoderma albescens*

贝壳尖卵圆形；壳顶不尖出；右旋；半透明，有光泽，绿黄色，壳口呈发蓝的污白色；生长线通常不十分清晰；螺层数 6.875 ~ 7.5，螺层扁平，密布螺旋向细沟；胚螺层平滑，无光泽；胚螺后螺层平滑；体螺层在壳口后立即上抬，周缘圆整；壳口面平，平截卵圆形，倾斜，无齿样构造，角结节缺如；壳口缘增厚，扩张，反折且具明显的卷边；胼胝部不明显；轴柱垂直；脐孔狭窄；壳高 12.8 ~ 15.4 mm，壳径 6.5 ~ 6.8 mm。

● 分布：广东和香港。

③ **谷纳螺** *Coccoderma granulata*

贝壳卵圆锥形；壳顶不尖出；右旋；不透明或半透明，有光泽，褐绿色，壳口白色；在最初的 3.5 个螺层中生长线纤细而清晰，随后的生长线与粗糙的增厚混杂；螺层数 6.25 ~ 6.75，螺层凸出，螺旋向细沟稀疏；胚螺层平滑，无光泽；胚螺后螺层平滑；体螺层朝壳口方向逐渐上升，周缘圆整；壳口略呈波形，平截卵圆形，略倾斜，无齿，角结节可能出现；壳口缘锋利，扩张，反折但不形成明显的卷边；胼胝部不明显；轴唇不反折；轴柱垂直；脐孔狭窄；壳高 12 ~ 13.9 mm，壳径 5.6 ~ 6.5 mm。

● 分布：海南等地。

① 粒谷纳螺 *Coccoderma granifer*

贝壳长卵圆形；壳顶不尖出；右旋；壳质薄而坚固；不透明，有光泽；壳色绿褐色，在壳顶下具白色条纹；壳口白色；螺层数 8.5 ~ 9.25，螺层凸出，具螺旋向细沟；胚螺后螺层不均匀地具颗粒；体螺层向壳口逐渐上升，或在壳口后立刻上升，周缘圆整；壳口平截卵圆形，很倾斜，无齿样构造，有角结节但不明显；壳口缘增厚，扩张，反折但不形成明显的卷边，胼胝部不明显；脐孔狭窄；壳高 13.7 ~ 17 mm，壳径 5.2 ~ 5.9 mm。

● 分布：四川。

② 浅纹谷纳螺 *Coccoderma trivialis*

贝壳圆锥形；壳顶不尖出；右旋；壳质薄且脆弱；不透明，有或无光泽；贝壳单一绿黄色；壳口污白色；生长线精细而清晰；螺层数 5.75；螺层凸出，具弱而明显的螺旋向细沟；胚螺层平滑，无光泽；胚螺后螺层平滑；体螺层向壳口方向平直，周缘圆整；壳口面波状，圆角三角形，倾斜，完全贴合于体螺层，无齿样构造，角结节缺如；壳口缘增厚，扩张，反折但不形成明显的卷边；胼胝部不明显；轴柱垂直；脐孔狭窄；壳高 8.2 mm，壳径 4.7 mm。

● 分布：湖南等地。

③ 沃氏谷纳螺 *Coccoderma warburgi*

贝壳圆锥形；壳顶不尖出；右旋；壳质薄而坚固；不透明或半透明，有光泽；贝壳单一绿黄色，壳口浅蓝灰色；生长线精细而清晰，螺层数 5.50 ~ 5.75，螺层凸出，具密集、规则而清晰排列的螺旋向细沟，细沟与生长线相交而有波纹感；胚螺层平滑，无光泽；胚螺后螺层平滑；体螺层朝壳口方向逐渐上升，周缘圆整；壳口面波状，圆角四边形，倾斜，完全贴合于体螺层，无齿样构造，角结节缺如；壳口缘锋利，相当扩张，反折但不形成明显的卷边；胼胝部不明显；轴柱明显倾斜；脐孔很狭窄；壳高 10.9 ~ 11.8 mm，壳径 6.8 ~ 7.2 mm。

● 分布：台湾。

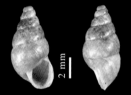

❶ 细粒谷纳螺 *Coccoderma leptostraca*

贝壳高圆锥状；壳顶不尖出；右旋；壳质薄而坚固，半透明，有光泽；贝壳单一绿黄色，壳口污白色，螺层上部着色如贝壳其余部分；生长线精细而清晰；螺层数 6.875 ~ 7.25；螺层凸出，密布不甚清晰的螺旋向细沟；胚螺层平滑，无光泽；胚螺后螺层平滑；体螺层在壳口后略上抬，周缘圆整；壳口面略呈波浪状，圆角四边形，壳口与螺层接合处不联生，倾斜，完全贴合于体螺层，无齿样构造，角结节缺如；壳口缘锋利，扩张，反折但不形成明显的卷边；胖胝部不明显；壳口反折于轴唇缘；轴柱垂直；脐孔狭窄；壳高 14.8 ~ 16.0 mm，壳径 7.1 ~ 7.5 mm。

● 分布：台湾。

❷ 皮小索螺 *Funiculus coriaceus*

贝壳近圆柱形；壳顶不尖出；右旋；壳质薄而坚固，半透明，具光泽；褐绿色，壳口白色；贝壳上部着色如其余部分；螺层数 11.125，螺层凸出，无螺旋向细沟；胚螺层平滑，光亮；胚螺后螺层平滑；体螺层朝壳口方向逐渐上升，周缘圆整；壳口耳形，壳口与螺层接合处不联生，相当垂直，完全贴合于体螺层，无齿样构造，角结节不甚明显；壳口缘锋利，扩张，反折且具明显的卷边；胖胝部明显；壳口反折于轴唇缘；脐孔狭窄；壳高 19 mm，壳径 5.9 mm。

● 分布：云南。

❸ 宋小索螺 *Funiculus songi*

贝壳长卵圆形；右旋；浅角褐色，半透明，有光泽；螺层数 12.25，最膨大处出现在次体螺层以上 4 个螺层；一侧轮廓线弧形；壳口圆菱形，具角结节，几不倾斜；口缘扩大，反折成卷边，轴唇缘极扩展；轴柱垂直；壳高 22.1 mm，壳径 5.1 mm。

● 分布：云南。

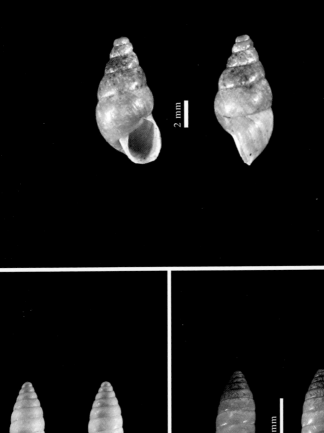

1 克氏厄纳螺 *Heudiella krejcii*

贝壳长卵圆形；壳顶不尖出；左旋；不透明，略黯淡；麦秆黄色，前6个螺层同色，从第7螺层起着色变深且一些生长线伴有白色增厚壳质；壳口白色；螺层数 11～12，螺层凸出，略具凹陷瘢痕，无螺旋向细沟；胚螺后螺层平滑；体螺层在壳口后立即上抬，周缘圆整；壳口平截卵圆形，壳口与螺层接合处不联生，极倾斜，无齿，具角结节；壳口缘锋利，扩张，反折且具明显的卷边；胼胝部不明显；壳口反折于轴唇缘；脐孔狭窄。

● 分布：四川。

2 布鲁氏沟颈螺 *Holcauchen brookedolani*

贝壳塔形或高圆锥状；壳顶不尖出；右旋；略有光泽。顶部3层或4层浅红褐色，随后螺层污白色或具不明显红褐色条纹；壳口红褐色；螺层数 8.625～9，螺层凸出，无螺旋向细沟；胚螺后螺层平滑；体螺层向壳口方向平直或在壳口后立刻上升，周缘平直且具光滑的螺旋向凹陷；壳口圆形，在螺层接合处联生，倾斜，完全贴合于体螺层，无齿，具角结节；壳口缘锋利，扩张，反折且具明显的卷边；轴柱具1枚齿向内扩展，但从壳口观不可见；脐孔狭窄；壳高 9.2～9.6 mm，壳径 3.0～3.3 mm。

● 分布：四川。

3 杆沟颈螺 *Holcauchen rhabdites*

贝壳圆柱状；壳顶不尖出；右旋；不透明，无光泽，均一栗色，壳口浅褐色；倒数第3层至次体螺层最膨大；生长线纤细，略清晰；螺层数 7.75～8.375，螺层扁平，无螺旋向细沟；胚螺后螺层平滑；缝合线下狭窄区域有但不明显；体螺层向壳口方向略逐渐上升，周缘平直或具不甚明显的光滑螺旋向凹陷；壳口面平，平截卵圆形，垂直，完全贴合于体螺层，无齿样构造，具角结节；壳口缘增厚，扩张，反折但不形成明显的卷边；胼胝部明显；体螺层出现的凹陷向内延伸约2个螺层；壳口反折于轴唇缘；轴柱倾斜，脐孔狭缝状；壳高 8.2～8.7 mm，壳径 1.9～2 mm。

● 分布：甘肃南部。

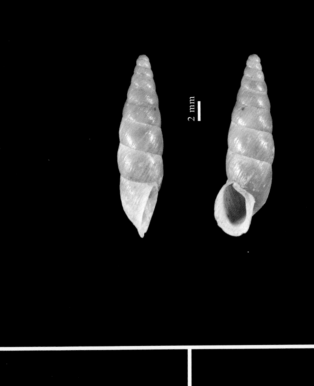

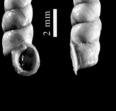

① **格氏沟颈螺** *Holcauchen gregoriana*

贝壳塔形；壳顶不尖出；右旋；不透明有光泽，灰白色，2 条始于壳顶的栗色色带将体螺层分为 3 部分；贝壳最膨大部分出现在次体螺层；螺层数 7.25 ~ 7.875，螺层凸出，无螺旋向细沟；体螺层向壳口方向平直或逐渐上升延长，周缘圆整；壳口卵圆形，倾斜，无齿，具角结节；壳口缘锋利，扩张，反折且具明显的卷边；脐孔狭窄或狭缝状；壳高 8.5 ~ 9.8 mm，壳径 3.3 ~ 4.3 mm。

● 分布：云南。

② **沟颈螺** *Holcauchen sulcatus*

贝壳塔形；壳顶尖出；右旋；半透明，具光泽；除最后 1 mm 体螺层及壳口白色外，呈均一栗色；次体螺层最膨大；生长线纤细，略清晰；螺层数 8.25 ~ 8.5，螺层凸出，无螺旋向细沟；体螺层朝壳口方向逐渐上升，周缘凹陷且具光滑的螺旋向凹陷；壳口面平，倾斜，完全贴合于体螺层，具齿和角结节；具腭壁板齿；腭缘圆整，壳口缘增厚，扩张，胼胝部明显；腔壁无齿；体螺层出现的凹陷约延伸 1 个螺层；轴唇缘反折，轴唇基部具 1 弱板齿及其上方 1 枚较强的板齿；轴柱垂直；脐孔狭窄；壳高 8.9 ~ 9.1 mm，壳径 2.7 ~ 2.9 mm。

● 分布：甘肃南部。

③ **海氏沟颈螺** *Holcauchen hyacinthi*

贝壳卵圆塔形；壳顶不尖出；右旋；不透明，具光泽；贝壳栗色，壳口浅褐色；次体螺层和体螺层最膨大；生长线通常不十分清晰；螺层数 7.25 ~ 8.625，螺层凸出，无螺旋向细沟；体螺层向壳口方向平直或逐渐上抬，周缘平直或微凹下；壳口面平，平截卵圆形，倾斜，无齿，具角结节；壳口缘增厚，扩张，反折；卷边平直，短；体螺层凹陷约延伸 1 个螺层；脐孔狭缝状；壳高 8.4 ~ 9.1 mm，壳径 2.2 ~ 2.4 mm。

● 分布：甘肃南部。

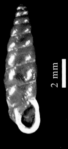

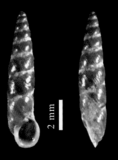

① 内坎沟颈螺 *Holcauchen entocraspedius*

贝壳卵圆塔形；壳顶不尖出；右旋；不透明，具光泽；贝壳褐黄色，壳口白色；次体螺层最膨大；螺层数 9.5 ~ 10，螺层凸出，无螺旋向细沟；体螺层朝壳口方向逐渐上升，周缘平直或凹陷；壳口面略呈波浪状，具角结节；腭板齿不达壳口缘，向内延伸 1/2 个螺层；腭壁缘圆整；壳口缘增厚，略扩张，反折狭窄但卷边明显；卷边平直，胼胝部明显；腔壁无齿；轴唇缘反折；轴柱垂直；脐孔区宽阔，脐孔狭小；壳高 8.5 ~ 9.2 mm，壳径 3.2 ~ 3.4 mm。

● 分布：四川。

② 漆沟颈螺 *Holcauchen rhusius*

贝壳塔形；壳顶不尖出；右旋；半透明至不透明，具光泽；贝壳栗色，壳口浅褐色；次体螺层至体螺层最膨大；生长线通常不十分清晰；螺层数 7.625，螺层凸出，无螺旋向细沟；胚螺层平滑，光亮；体螺层略向壳口向上抬，反壳口侧具光滑凹陷；壳口面平，与螺层接合处联生，几乎垂直，贴合于体螺层，无齿，具角结节；壳口缘增厚，扩张，略反折；胼胝部明显；体螺层凹陷约延伸 1.5 个螺层；轴唇缘反折；轴柱倾斜；脐孔宽阔；壳高 7 mm，壳径 2.4 mm。

● 分布：四川。

③ 微放沟颈螺 *Holcauchen micropeas*

贝壳塔形或高圆锥状；壳顶不尖出；右旋；不透明，具光泽；贝壳栗色，壳口同色或较浅，体螺层最膨大；生长线纤细，略清晰；螺层数 7.25 ~ 7.5，螺层强烈凸出；体螺层向壳口方向略逐渐上升，在反壳口侧具光滑凹陷；壳口面平，近圆形，具齿和角结节；腭板齿有，腭壁缘圆整；壳口缘增厚，扩张，狭窄反折且具卷边，胼胝部明显，腔壁无齿；体螺层凹陷约延伸 3/4 ~ 1 个螺层；轴唇缘反折，轴唇基部具 1 弱板齿及其上方的 1 较强板齿；轴柱垂直；脐孔区宽阔，脐孔狭小；壳高 6 ~ 6.1 mm，壳径 2 ~ 2.2 mm。

● 分布：四川。

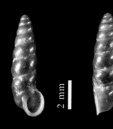

① 针沟颈螺 *Holcauchen rhaphis*

贝壳塔形；壳顶不尖出；右旋；半透明，具光泽；贝壳色泽均一黄褐色，壳口呈褐白色；贝壳最膨大部位出现于倒数第 3 层和次体螺层；生长线纤细，略清晰；螺层数 9.75 ~ 10.25，螺层凸出，无螺旋向细沟；胚螺后螺层平滑；体螺层朝壳口方向逐渐上升，周缘凹陷，反壳口侧具光滑的周缘螺旋向凹陷；壳口面平，平截卵圆形，壳口与螺层接合处几乎联生，几乎垂直，完全贴合于体螺层，具齿，具角结节；腭壁板齿强；腭壁缘圆整；壳口缘锋利，扩张，反折且具明显的卷边；卷边略向背壳口方向翻折；胼胝部明显；腔壁无齿；体螺层出现的凹陷约延伸 1.5 个螺层；轴唇缘反折，轴唇具 2 枚大小相似的板齿；脐孔狭窄；壳高 8 ~ 8.7 mm，壳径 2.1 ~ 2.4 mm。

● 分布：四川。

② 奥奇异螺 *Mirus aubryanus*

贝壳长卵圆形；壳顶不尖出；右旋；半透明，有光泽；贝壳褐绿色，壳口白色；螺层数 7.5，螺层凸出，无螺旋向细沟；胚螺后螺层平滑；体螺层向壳口方向平直，周缘圆整；壳口平截卵圆形，壳口与螺层接合处不联生，倾斜，无齿样构造，具角结节；壳口缘锋利，扩张，反折但不形成明显的卷边；胼胝部不明显；脐孔狭缝状；壳高 14.7 mm，壳径 6.3 mm。

● 分布：贵州东部和重庆。

③ 白缘奇异螺指名亚种 *Mirus alboreflexus alboreflexus*

贝壳卵圆形或长卵圆形；壳顶不尖出；左旋；半透明，有光泽；贝壳角色，壳口白色；螺层数 6.75 ~ 7.5，螺层凸出；微弱而不均匀地具螺旋向细沟，细沟在脐孔附近更不清晰；胚螺后螺层平滑；体螺层向壳口方向上升，周缘圆整；壳口平截卵圆形，壳口与螺层接合处不联生，倾斜，无齿样构造，具角结节；壳口缘增厚，扩张，反折且具明显的卷边；胼胝部不明显；脐孔狭缝状；壳高 12.3 ~ 13.9 mm，壳径 5.8 ~ 6.4 mm。

● 分布：陕西。

❶ 白缘奇异螺纹亚种 *Mirus alboreflexus striolatus*

贝壳卵圆形或长卵圆形；壳顶不尖出；左旋；不透明，具光泽；贝壳麦秆黄色，壳口白色；螺层数 7.375 ～ 8.375，螺层凸出，具螺旋向细沟；体螺层向壳口逐渐上升，或在壳口后立刻上升，周缘圆整；壳口平截卵圆形，壳口与螺层接合处不联生，倾斜，完全贴合于体螺层，无齿样构造，具角结节；壳口缘增厚，扩张，反折且具明显的卷边；胼胝部略清晰；脐孔狭窄或呈狭缝状；壳高 15.9 ～ 19.3 mm，壳径 6.6 ～ 7.5 mm。

● 分布：甘肃。

❷ 白缘奇异螺小节亚种 *Mirus alboreflexus nodulatus*

贝壳卵圆形；壳顶不尖出；左旋；半透明，具光泽；贝壳呈褐黄色，贝壳上部着色如其余部分；螺层数 7.125，螺层凸出，具螺旋向细沟；胚螺后螺层平滑；体螺层向壳口方向平直，周缘圆整；壳口平截卵圆形，壳口与螺层接合处不联生，倾斜，完全贴合于体螺层，无齿样构造，具角结节；壳口缘增厚，扩张，反折且具明显的卷边；胼胝部不明显；脐孔狭窄；壳高 15.0 mm，壳径 6.7 mm。

● 分布：陕西。

❸ 白缘奇异螺钻亚种 *Mirus alboreflexus perforatus*

贝壳卵圆形或长卵圆形；壳顶不尖出；右旋；半透明，有光泽；贝壳角褐色，贝壳上部着色如其余部分；壳口白色；螺层数 7.25 ～ 8，螺层凸出，具很微弱的螺旋向细沟，有时仅在脐孔区域附近可见；胚螺后螺层平滑；体螺层向壳口方向平直延伸，或在壳口后立刻上升，周缘圆整；壳口平截卵圆形，壳口与螺层接合处不联生，倾斜，完全贴合于体螺层，无齿样构造，具角结节；壳口缘增厚，扩张，反折且具明显的卷边；胼胝部不明显；脐孔狭缝状；壳高 13.8 ～ 19.3 mm，壳径 6.4 ～ 7.5 mm。

● 分布：四川。

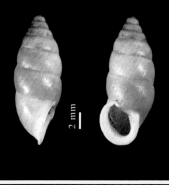

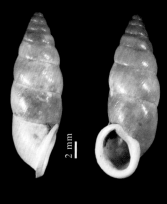

❶ 戴氏奇异螺 *Mirus davidi*

贝壳长卵圆形；壳顶不尖出；右旋；壳质薄而坚固；不透明，略有光泽；贝壳角褐色，壳口白色；螺层数 8.375 ~ 9.25，螺层扁平，具螺旋向细沟；胚螺层平滑，无光泽；胚螺后螺层平滑；体螺层朝壳口方向逐渐上升，周缘圆整；壳口圆角菱形，壳口与螺层接合处不联生，倾斜，完全贴合于体螺层，无齿样构造，角结节有但不明显；壳口缘增厚，扩张，反折且具明显的卷边；胼胝部不明显；壳口反折于轴唇缘；轴柱垂直；轴唇外缘倾斜；脐孔狭窄；壳高 20.6 ~ 24.7 mm，壳径 7.0 ~ 8.2 mm。

● 分布：四川和湖北。

❷ 短口奇异螺 *Mirus brachystoma*

贝壳卵圆塔形；壳顶不尖出；右旋；壳质薄而坚固；半透明，有光泽；贝壳单一浅褐色，壳口白色；螺层数 8 ~ 8.625；螺层凸出，螺旋向细沟微弱而分布不均匀；胚螺层平滑，无光泽；胚螺后螺层平滑；体螺层向壳口方向平直或逐渐上升地延长，周缘圆整；壳口圆角菱形，壳口与螺层接合处不联生，倾斜，无齿样构造，具角结节；壳口缘增厚，扩张，略反折且具明显的卷边；胼胝部明显且形成联系壳口缘与螺层接合点间的 1 个白色的嵴；壳口反折于轴唇缘；脐孔狭窄；壳高 13.2 ~ 15.8 mm，壳径 5.1 ~ 5.8 mm。

● 分布：四川。

❸ 反柱奇异螺 *Mirus frinianus*

贝壳长卵圆形；壳顶不尖出；右旋；壳质薄而坚固；半透明，有光泽；贝壳褐色；螺层数 8，螺层凸出，无螺旋向细沟；胚螺层平滑，光亮；胚螺后螺层平滑；体螺层向壳口方向平直，周缘圆整；壳口卵圆形，壳口与螺层接合处不联生，倾斜，无齿样构造，通常无角结节；壳口缘锋利，扩张，反折但不形成明显的卷边；胼胝部不明显；壳口反折于轴唇缘；脐孔狭缝状；壳高 18 mm，壳径 7 mm。

● 分布：安徽等地。

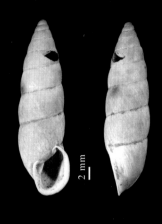

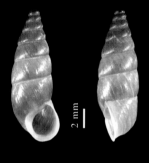

① 革囊奇异螺 *Mirus ultriculus*

贝壳卵圆形；壳顶不尖出；右旋；不透明，有光泽；贝壳浅角色，壳口白色；螺层数 7 ~ 7.25，螺层凸出，螺旋向细沟微弱，但在脐孔区域明显；胚螺层平滑，光亮；胚螺后螺层平滑；体螺层向壳口方向平直延伸或略逐渐上抬，周缘圆整，壳口半圆形或圆角菱形，壳口与螺层接合处不联生，倾斜，完全贴合于体螺层，无齿样构造，具角结节；壳口缘锋利，扩张，反折且具明显的卷边；胼胝部不明显；壳口反折于轴唇缘；轴柱垂直；脐孔狭窄；壳高 13 ~ 13.8 mm，壳径 6.2 ~ 6.6 mm。

● 分布：安徽。

② 哈氏奇异螺 *Mirus hartmanni*

贝壳纺锭形；壳顶不尖出；左旋；半透明，具光泽；贝壳单一褐黄色；螺层数 7 ~ 9，螺层凸出，螺旋向细沟密集而均匀分布；胚螺层平滑，光亮；胚螺后螺层平滑；体螺层向壳口方向平直，周缘圆整；壳口平截卵圆形，壳口与螺层接合处不联生，倾斜，完全贴合于体螺层，无齿样构造，无角结节；壳口缘锋利，略扩张，反折但不形成明显的卷边；胼胝部不明显；壳口反折于轴唇缘；脐孔狭窄；壳高 10 ~ 13.1 mm，壳径 3.7 ~ 4.7 mm。

● 分布：湖南和贵州。

③ 康氏奇异螺指名亚种 *Mirus cantori cantori*

贝壳尖卵圆形；右旋；壳顶不尖出；不透明或半透明，浅褐黄色，有光泽；螺层数 7.875 ~ 9，螺层扁平，无凹陷瘢痕，密布不均匀的螺旋向细沟；胚螺层平滑，光亮；胚螺后螺层光滑，在生长线间不均匀低分布有微小的结节；体螺层朝壳口方向逐渐上升，周缘圆整；壳口平截卵圆形，壳口白色，与螺层接合处不联生，倾斜，角结节明显或不明显；壳口缘增厚，扩张，反折且具明显的卷边；脐孔狭窄；壳高 19.1 ~ 23.8 mm，壳径 8.1 ~ 10.2 mm。

● 分布：湖北、安徽、江西、江苏、上海等地。

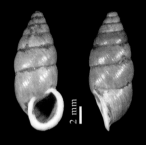

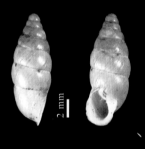

① 康氏奇异螺肥亚种 *Mirus cantori corpulentus*

贝壳长卵圆形；壳顶不尖出；右旋；壳质薄而坚固；不透明，具光泽；贝壳单一绿褐色，壳口白色或略深；螺层数 8.25 ～ 8.625，螺层略扁平，密布螺旋向细沟；胚螺层平滑，无光泽；胚螺后螺层平滑；体螺层朝壳口方向逐渐上升，周缘圆整；壳口圆角四边形，壳口与螺层接合处不联生，倾斜，无齿样构造，角结节不甚明显；壳口缘增厚，扩张，反折且具明显的卷边；胖胀部不明显；壳口反折于轴唇缘；轴柱垂直；脐孔狭窄，或呈狭缝状；壳高 22.9 ～ 25.1 mm，壳径 9.4 ～ 9.6 mm。

● 分布：湖北。

② 康氏奇异螺弗亚种 *Mirus cantori fragilis*

贝壳尖卵圆形；壳顶不尖出；右旋；壳质薄而坚固；不透明，有光泽；贝壳褐黄色；螺层数 7.875 ～ 8.625，螺层凸出，具微弱螺旋向细沟；胚螺层平滑，光亮；胚螺后螺层平滑；体螺层朝壳口方向逐渐上升，周缘圆整；壳口圆角三角形，倾斜，无齿样构造，角结节有但不明显；壳口缘锋利，扩张，反折但不形成明显的卷边；胖胀部不明显；壳口反折于轴唇缘；轴柱垂直或倾斜；脐孔狭窄；壳高 17.8 ～ 20.8 mm，壳径 7.5 ～ 8.3 mm。

● 分布：福建。

③ 康氏奇异螺滑亚种 *Mirus cantori obesus*

贝壳纺锭形或长卵圆形；壳顶不尖出；右旋；壳质薄而坚固；不透明或半透明，有光泽；贝壳单一角褐色，壳口白色；螺层数 7.25，螺层略凸出，螺旋向细沟密布或仅见于脐孔区域；体螺层向壳口方向平直或逐渐上升地延长，周缘圆整；壳口平截卵圆形或呈具圆角的三角形或四边形，壳口与螺层接合处不联生，倾斜至极倾斜，无齿样构造，有角结节但不明显；壳口缘增厚，扩张，反折且具明显的卷边；胖胀部明显或不明显；轴柱垂直或倾斜；脐孔狭窄或狭缝状；壳高 14 ～ 15.8 mm，壳径 6.8 ～ 7.1 mm。

● 分布：江苏。

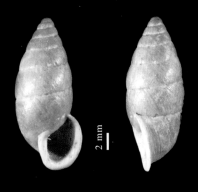

❶ 康氏奇异螺角亚种 *Mirus cantori corneus*

贝壳尖卵圆形；壳顶不突出；右旋；壳质薄而坚固；半透明，具光泽；贝壳黄褐色，上部着色如其余部分；壳口白色；螺层数 7.875 ~ 9，螺层凸出，仅脐孔区域具螺旋向细沟；胚螺层平滑，无光泽；胚螺后螺层平滑；体螺层朝壳口方向逐渐上升，周缘圆整；壳口平截卵圆形或四边形，不联生，倾斜，完全贴合于体螺层，无齿样构造，具角结节；壳口缘增厚，扩张，反折且具明显的卷边；胼胝部不明显；壳口反折于轴唇缘；轴柱垂直；脐孔狭窄；壳高 19.1 ~ 23.8 mm，壳径 8.1 ~ 10.2 mm。

● 分布：四川。

❷ 康氏奇异螺绿岛亚种 *Mirus cantori taivanica*

贝壳长卵圆形；壳顶不尖出；右旋；壳较厚、坚固；不透明，具有光泽；贝壳通体绿褐色，有时具密集的白色条纹，后者可形成白色增厚区；壳口白色；螺层数 7.875 ~ 8.5，螺层凸出，无螺旋向细沟；胚螺层平滑，光亮；胚螺后螺层平滑；体螺层朝壳口方向几乎平直延伸，周缘圆整；壳口耳状，壳口与螺层接合处不联生，倾斜，无齿样构造，角结节缺如；壳口缘增厚，扩张，反折且具明显的卷边；胼胝部不明显；壳口反折于轴唇缘；脐孔狭缝状；壳高 15.8 ~ 17.5 mm，壳径 6.9 ~ 7.3 mm。

● 分布：台湾。

❸ 克氏奇异螺 *Mirus krejcii*

贝壳卵圆形；壳顶不尖出；右旋；壳质薄而坚固；半透明，有光泽；贝壳均一绿角色；螺层数 7.375 ~ 7.875，螺层凸出，无螺旋向细沟；胚螺层平滑，光亮；胚螺后螺层平滑；体螺层朝壳口方向逐渐上升，周缘圆整；壳口圆角四边形，壳口与螺层接合处不联生，倾斜，完全贴合于体螺层，无齿样构造，具角结节；壳口缘锋利，扩张，狭窄地反折但具明显的卷边；胼胝部厚，壳口反折于轴唇缘；脐孔很狭窄；壳高 6.9 ~ 8.3 mm，壳径 3.1 ~ 3.5 mm。

● 分布：四川。

①　梨形奇异螺 *Mirus pyrinus*

　　贝壳长卵圆形；壳顶不尖出；左旋；壳质薄而坚固；不透明，具光泽；贝壳单一黄褐色；螺层数 7，螺层凸出；胚螺层平滑，无光泽；胚螺层后螺层平滑；体螺层周缘圆整；壳口圆角菱形，壳口与螺层接合处不联生，无齿样构造，具角结节；壳口缘增厚，扩张，反折但不形成明显的卷边；胼胝部不明显；壳口反折于轴唇缘；壳高 9.5 mm，壳径 3.8 mm。

　　● 分布：甘肃南部。

②　穆坪奇异螺 *Mirus mupingianus*

　　贝壳长圆锥形；壳顶不尖出；右旋；壳质薄而坚固；不透明，具光泽；贝壳浅褐色，在第 4 螺层以后具许多白色条纹；壳口白色；壳顶具不同的色调；螺层数 7.375 ～ 8.875，螺层凸出，在体螺层具凹陷瘢痕，无螺旋向细沟；胚螺层平滑，光亮；胚螺后螺层平滑；体螺层向壳口方向平直，周缘圆整；壳口平截卵圆形，壳口与螺层接合处不联生，完全贴合于体螺层，无齿样构造，具角结节；壳口缘锋利，扩张，反折而具狭窄卷边；胼胝部不明显；壳口反折于轴唇缘；脐孔狭窄；壳高 11.3 ～ 17.9 mm，壳径 4.6 ～ 6.4 mm。

　　● 分布：四川西部。

③　囊形奇异螺 *Mirus saccatus*

　　贝壳高锥形或尖卵圆形；壳顶略尖出或不尖出；右旋；壳质薄而坚固；不透明，有光泽；黄褐色，从第 4 层至壳口具许多密集分布、伴随生长线的白色增厚质，壳口白色；螺层数 7.75 ～ 8.125，生长线精细而清晰；螺层凸出，具凹陷瘢痕和螺旋向细沟；胚螺层平滑，光亮；从第 4 层至体螺层具似由生长线断裂而成的长短不一的小瘤；体螺层朝壳口方向平直延伸或逐渐上抬，周缘圆整；壳口面平，平截卵圆形，壳口与螺层接合处不联生，倾斜，完全贴合于体螺层，无齿样构造，具角结节；轴柱弓形；轴唇外缘倾斜；脐孔宽阔；壳高 13.3 ～ 15.2 mm，壳径 5.2 ～ 5.8 mm。

　　● 分布：四川。

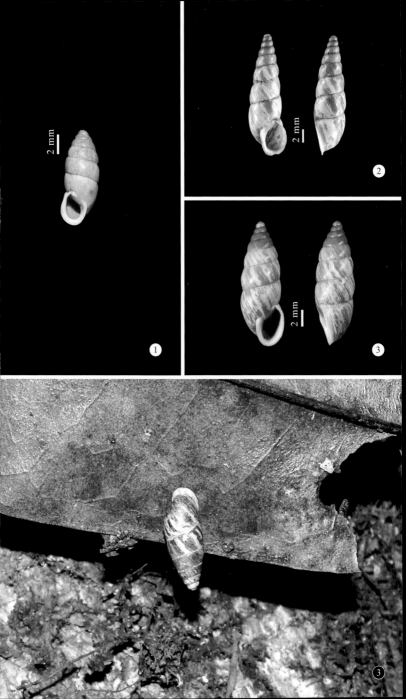

❶ 前颀奇异螺 *Mirus praelongus*

贝壳长卵圆形；壳顶不尖出；右旋；壳质厚；坚固；不透明，具光泽；贝壳单一灰绿色；螺层数 9.25，螺层凸出，无螺旋向细沟；胚螺层平滑，光亮；胚螺后螺层平滑；体螺层向壳口方向平直，周缘圆整；壳口平截卵圆形，壳口与螺层接合处不联生，倾斜，完全贴合于体螺层，无齿样构造，具角结节；壳口缘锋利，扩张，反折少但具明显的卷边；胼胝部不明显；壳口反折于轴唇缘；轴柱垂直，或倾斜；脐孔狭窄，或呈狭缝状；壳高 17.1 mm，壳径 5.4 mm。

● 分布：陕西和湖北。

❷ 锐奇异螺 *Mirus acuminatus*

贝壳长卵圆形；壳顶不尖出；右旋；壳质薄而坚固；半透明，有光泽；贝壳褐绿色；螺层数 7.125 ~ 8.125，螺层凸出，无螺旋向细沟；胚螺层平滑，无光泽；胚螺后螺层平滑；体螺层向壳口方向平直，周缘圆整；壳口近圆形，壳口与螺层接合处不联生，倾斜，无齿样构造，具角结节；壳口缘增厚，扩张，反折但不形成明显的卷边；胼胝部不明显；壳口反折于轴唇缘；脐孔狭窄；壳高 9.1 ~ 10.7 mm，壳径 3.6 ~ 4.4 mm。

● 分布：甘肃南部。

❸ 索形奇异螺 *Mirus funiculus*

贝壳柱圆锥形；壳顶不尖出；左旋；壳质薄而坚固；透明，有光泽；贝壳单一绿褐色；螺层数 8.5，螺层凸出，无螺旋向细沟；胚螺层平滑，光亮。胚螺后螺层平滑；体螺层向壳口逐渐上升，或在壳口后立刻上升，周缘圆整；壳口平截卵圆形，壳口与螺层接合处不联生，倾斜，完全贴合于体螺层，无齿样构造，具角结节；壳口缘增厚，扩张，反折且具明显的卷边。胼胝部不明显；壳口反折于轴唇缘；脐孔狭窄；壳高 14.3 ~ 14.7 mm，壳径 4.8 mm。

● 分布：江苏。

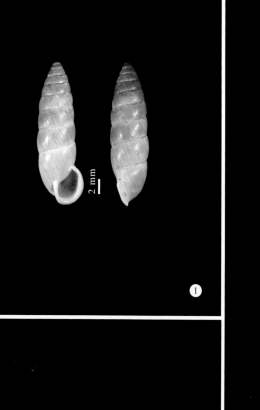

① 透奇异螺 *Mirus transiens*

贝壳纺锤形或长卵圆形；壳顶不尖出；右旋；壳质薄而脆弱；半透明，有光泽；贝壳绿角色；螺层数 6.375 ~ 7.375，螺层凸出，密布明显的螺旋向细沟；胚螺层平滑，光亮；胚螺后螺层平滑；体螺层向壳口方向平直，周缘圆整；壳口平截卵圆形，壳口与螺层接合处不联生，倾斜，完全贴合于体螺层，无齿样构造，角结节缺如；壳口缘锋利，扩张，略反折但不形成明显的卷边；胼胝部明显或不明显；壳口反折于轴唇缘；脐孔狭窄；壳高 10.2 ~ 11.9 mm，壳径 4 ~ 4.5 mm。

● 分布：湖北。

② 微奇异螺指名亚种 *Mirus minutus minutus*

贝壳卵圆形；壳顶尖出；右旋；壳质薄而坚固；半透明，有光泽；贝壳前黄褐色；螺层数 6.625，螺层凸出，螺旋向细沟微弱；胚螺层平滑，光亮；胚螺后螺层平滑；体螺层向壳口方向逐渐上抬，周缘圆整；壳口卵圆形，壳口与螺层接合处不联生，倾斜，完全贴合于体螺层，无齿样构造，角结节有但不明显；壳口缘增厚，扩张，反折但不形成明显的卷边；胼胝部不明显；壳口反折于轴唇缘；轴柱垂直；脐孔狭窄；壳高 10.2 mm，壳径 4.7 mm。

● 分布：湖北和上海。

③ 微奇异螺近亚种 *Mirus minutus subminutus*

贝壳卵圆锥形；壳顶不尖出；右旋；壳质薄而坚固；半透明，有光泽；贝壳单一角褐色；螺层数 6.375 ~ 6.625，螺层凸出，通体或在脐孔区域具螺旋向细沟，或不具细沟；胚螺层平滑，光亮；胚螺后螺层平滑；体螺层向壳口方向平直，周缘圆整；壳口平截卵圆形，壳口与螺层接合处不联生，倾斜，无齿样构造，具不明显的，或不具角结节；壳口缘锋利，扩张，反折且具明显的卷边，卷边窄；胼胝部明显；壳口反折于轴唇缘；脐孔狭缝状；壳高 9.9 ~ 10 mm，壳径 4.1 ~ 4.5 mm。

● 分布：安徽南部。

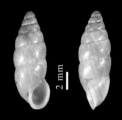

1

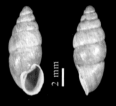

2

3

① 微奇异螺湘亚种 *Mirus minutus hunanensis*

贝壳纺锭形或长卵圆形，壳顶不尖出；右旋；壳质薄而脆弱；不透明或半透明，有光泽；贝壳呈单一的黄褐色；螺层数 7.25 ～ 7.875，螺层凸出，较明显地密布螺旋向细沟；胚螺层平滑，光亮；体螺层向壳口方向平直，周缘圆整；壳口圆角三角形，壳口与螺层接合处不联生，倾斜，完全贴合于体螺层，无齿样构造，具角结节；壳口缘增厚，扩张，反折但不形成明显的卷边；腔壁胼胝部不明显；壳口反折于轴唇缘；螺柱垂直，脐孔狭窄，壳高 10.7 ～ 12.2 mm，壳径 4.2 ～ 5 mm。

● 分布：湖南。

② 伪奇异螺 *Mirus nothus*

贝壳卵圆形；壳顶不尖出；右旋；壳质薄而坚固；不透明，有光泽；贝壳浅褐色，在第 3 或第 4 螺层以后具白色条纹；螺层数 7，螺层凸出，略具凹陷瘢痕，无螺旋向细沟；胚螺层平滑，光亮；胚螺后螺层平滑；体螺层向壳口方向平直，周缘圆整；壳口平截卵圆形，壳口与螺层接合处不联生，倾斜，无齿样构造，角结节缺如；壳口缘锋利，扩张，反折但不形成明显的卷边；胼胝部不明显；壳口反折于轴唇缘；脐孔狭缝状；壳高 9.7 mm，壳径 3.9 mm。

● 分布：四川西部。

③ 谢河奇异螺 *Mirus siehoensis*

贝壳长卵圆形；壳顶不尖出；左旋；壳质薄而坚固；半透明，具光泽；贝壳色泽均匀，壳口白色，贝壳上部着色如其余部分；螺层数 8；螺层凸出，无螺旋向细沟；胚螺层平滑，光亮；胚螺后螺层平滑；缝合线上无窄带；体螺层向壳口方向平直，周缘圆整；壳口卵圆形，壳口与螺层接合处不联生，略倾斜，无齿样构造，无角结节；壳口缘增厚，扩张，反折且具明显的卷边；腔壁胼胝部明显；壳口反折于轴唇缘；脐孔狭缝状；壳高 16.9 mm，壳径 6.7 mm。

● 分布：湖北。

① 燕麦奇异螺 *Mirus avenaceus*

贝壳长卵圆形；壳顶不尖出；右旋；壳质薄而较脆弱；不透明，无光泽，麦秆色，具白色和褐色的条纹，壳口白色；螺层数 7.75 ~ 8.125，螺层凸出，不具肩，均匀密布螺旋向细沟；胚螺层平滑，无光泽；胚螺后螺层平滑，缝合线上无color带；体螺层向壳口方向平直，其周缘圆整，壳口平截卵圆形，壳口与螺层接合处不联生，倾斜，无齿样构造，角结节缺如；壳口缘增厚，几乎不扩张，反折但不形成明显的卷边，腔壁胼胝部不明显；壳口反折于轴唇缘；脐孔狭窄；壳高 13 ~ 15.4 mm，壳径 4.7 ~ 5.7 mm。

● 分布：重庆。

② 玉髓奇异螺 *Mirus chalcedonicus*

贝壳长卵圆形，壳顶不尖出，右旋；壳质薄而坚固，半透明，有光泽；贝壳通体乳白色；螺层数 7.75，螺层凸出，具弱而规则的螺旋向细沟；胚螺层平滑，光亮，体螺层向壳口方向平直，周缘圆整；壳口呈圆角菱形，壳口与螺层接合处不联生，略倾斜，完全贴合于体螺层，无齿样构造，角结节缺如；壳口缘锋利，腔壁胼胝部不明显；壳口反折于轴唇缘；脐孔狭缝状；壳高 18.8 mm，壳径 7.4 mm。

● 分布：湖北。

③ 稚奇异螺 *Mirus brizoides*

贝壳长卵圆形；壳顶不尖出；右旋；壳质薄，贝壳脆弱；半透明，有光泽；贝壳单一角色；螺层数 8，螺层凸出，螺旋向细沟很微弱；胚螺层平滑，无光泽；胚螺后螺层平滑；体螺层朝壳口方向逐渐上升，周缘圆整；壳口近圆形，壳口与螺层接合处不联生，倾斜，无齿样构造，具角结节；壳口缘增厚，略扩张，反折但不形成明显的卷边，胼胝部不明显；壳口反折于轴唇缘；脐孔狭窄；壳高 8 mm，壳径 3.33 mm。

● 分布：四川。

① **饕鸟唇螺** *Petraeomastus oscitans*

贝壳长卵圆形；壳顶不尖出；右旋；壳质薄而坚固；半透明，具光泽，绿角色；壳顶后螺层具白色或角色的条纹，壳口白色；螺层略凸起，无螺旋向细沟；胚螺层平滑，光亮；胚螺后螺层平滑；体螺层在壳口后立即上抬，周缘圆整；壳口卵圆形，壳口与螺层接合处不联生，完全贴合于体螺层，无齿样构造，具角结节；壳口缘锋利，扩张，反折且具明显的卷边；胼胝部不明显；壳口反折于轴唇缘；脐孔狭缝状；壳高 22.6 mm，壳径 10.7 mm。

● 分布：甘肃东南部。

② **沃鸟唇螺** *Petraeomastus wardi*

壳顶略尖出；右旋；壳质薄而坚固；不透明，具光泽，褐色，在最先 3 个螺层后具清晰、等距排列的白色条纹，壳口白色；螺层数 7，螺层凸出，无螺旋向细沟；胚螺层平滑，光亮；胚螺后螺层平滑；体螺层在壳口后立即上抬，周缘圆整；壳口平截卵圆形，壳口与螺层接合处不联生，极倾斜，完全贴合于体螺层，无齿样构造，具角结节；壳口缘锋利，扩张，反折且具明显的卷边；胼胝部不明显；壳口反折于轴唇缘；脐孔狭缝状；壳高 15.5 mm，壳径 5.5 ~ 6.8 mm。

● 分布：甘肃东南部。

③ **常鸟唇螺** *Petraeomastus ordinarius*

贝壳尖卵圆形；壳顶略尖出；右旋；壳质薄而坚固；半透明，有光泽，绿褐色，壳口白色，贝壳上部着色如其余部分；螺层数 7.375，螺层凸出，无螺旋向细沟；胚螺层平滑，光亮；胚螺后螺层平滑；体螺层朝壳口方向逐渐上升，周缘圆整；壳口卵圆形，与螺层接合处不联生，倾斜，完全贴合于体螺层，无齿样构造，具角结节；壳口缘锋利，扩张，反折且具明显的卷边；胼胝部不明显；壳口反折于轴唇缘；脐孔狭窄；壳高 17.5 mm，壳径 8.2 mm。

● 分布：甘肃。

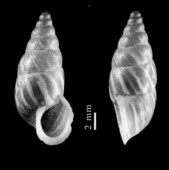

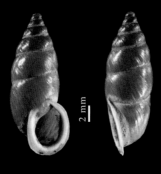

① 德氏鸟唇螺 *Petraeomastus desgodinsi*

贝壳柱圆锥形；壳顶不尖出；左旋；壳质厚、坚固，不透明，有光泽；贝壳白色，具很少的褐色条纹；壳顶红褐色，壳口白色；螺层数 7.75 ～ 8.25，螺层扁平，无螺旋向细沟；胚螺层平滑，光亮；胚螺后螺层平滑，体螺层朝壳口方向逐渐上升，周缘圆整；壳口平截卵圆形，壳口与螺层接合处几乎联生，垂直，无齿样构造，角结节缺如；壳口缘锋利，扩张，反折，具明显卷边；胼胝部发达；轴唇缘反折；脐孔狭缝状；壳高 23 ～ 26.6 mm，壳径 10.4 ～ 11.1 mm。

● 分布：四川西部。

② 厄氏鸟唇螺 *Petraeomastus heudeanus*

贝壳柱圆锥形；壳顶略尖出；右旋；壳质薄而坚固，不透明，有光泽；除壳顶红褐色外，其余部分白色；螺层数 7.125 ～ 8.75，螺层扁平，无凹陷瘢痕，螺旋向细沟无或仅模糊地分布在脐孔区域；胚螺层平滑，光亮；体螺层周缘圆整；壳口平截卵圆形，壳口与螺层接合处不联生，倾斜，无齿样构造，角结节缺如；壳口缘增厚，略膨大，腔壁胼胝部明显，形成联系壳口缘与螺层相接处的嵴；轴唇缘略反折；轴柱垂直或倾斜；脐孔狭窄或呈狭缝状；壳高 23.8 ～ 30.2 mm，壳径 8.9 ～ 11.4 mm。

● 分布：四川西部。

③ 褐云鸟唇螺 *Petraeomastus castaneobalteatus*

贝壳长卵圆形；壳顶略尖出；右旋；壳质厚而坚固，不透明，具光泽，栗色，在前 4 个螺层后具或宽或窄的白色条纹，壳口白色；螺层数 7.875，螺层相当扁平，无螺旋向细沟；胚螺层平滑，光亮；胚螺后螺层平滑；体螺层朝壳口方向逐渐上升，周缘圆整；壳口平截卵圆形，略倾斜，完全贴合于体螺层，无齿样构造，具明显的角结节；壳口缘锋利，扩张，反折且具明显的卷边；胼胝部不明显；壳口反折于轴唇缘；脐孔狭窄；壳高 26.3 mm，壳径 12.4 mm。

● 分布：甘肃。

1

2

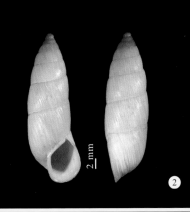

2

3

① **吉氏鸟唇螺** *Petraeomastus giraudelianus*

贝壳尖卵圆形；壳顶尖出；右旋；不透明，无光泽；贝壳色泽均匀，黄褐色，壳口白色；螺层数 6.875 ~ 7.875，螺层扁平，无凹陷瘢痕，不具肩，无螺旋向细沟；胚螺后螺层具精细的肋，缝合线上无窄带；体螺层周缘圆整；壳口卵圆形，壳口与螺层接合处联生，倾斜，无齿样构造，角结节缺如；壳口缘增厚，扩张，反折但不形成明显的卷边。腔壁胼胝部明显；壳口反折于轴唇缘；脐孔狭窄；壳高 10.7 ~ 15.8 mm，壳径 5 ~ 7.2 mm。

● 分布：四川西部。

② **尖锥鸟唇螺** *Petraeomastus oxyconus*

贝壳高圆锥状；壳顶不尖出；右旋；半透明，有光泽；生长线通常不十分清晰；螺层数 6.875 ~ 7.75，螺层凸出，无螺旋向细沟；胚螺后螺层平滑；体螺层朝壳口方向逐渐上升，周缘圆整；壳口几乎在同一平面上，圆角四边形，略倾斜，完全贴合于体螺层，具角结节；壳口缘锋利，扩张，反折狭窄但具明显的卷边；胼胝部不明显；壳口反折于轴唇缘；轴柱垂直；脐孔狭窄；贝壳具均匀的栗色，壳口呈发红的白色；壳高 15.6 ~ 16.3 mm，壳径 7.4 ~ 8.6 mm。

● 分布：甘肃南部。

③ **枯藤鸟唇螺指名亚种** *Petraeomastus xerampelinus xerampelinus*

贝壳尖卵圆形；壳顶尖出；右旋；不透明，具光泽；贝壳壳顶褐色，从第 4 螺层至壳口具 1 条狭窄的栗色色带；脐孔区栗色；壳口白色；生长线通常不十分清晰；螺层数 8 ~ 8.375，螺层凸出，无螺旋向细沟；胚螺后螺层平滑；体螺层朝壳口方向逐渐上升，周缘圆整；壳口几乎在同一平面上，近圆形或四边形，略倾斜，完全贴合于体螺层，无齿样构造，角结节有但不明显；壳口缘锋利，扩张，反折且具明显的卷边；胼胝部不明显；壳口反折于轴唇缘；轴柱垂直；脐孔狭缝状；壳高 21.1 ~ 24.1 mm，壳径 10.3 ~ 11.4 mm。

● 分布：甘肃南部。

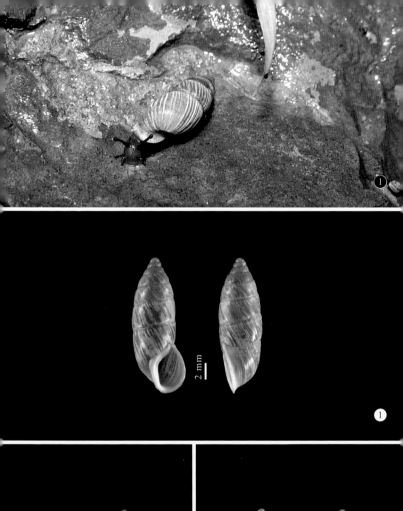

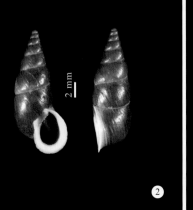

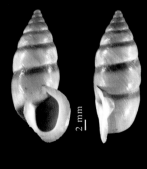

① **阔唇鸟唇螺指名亚种** *Petraeomastus platychilus platychilus*

贝壳尖卵圆形；壳顶尖出；右旋；壳质薄而坚固；半透明，具光泽；贝壳单一绿褐色，壳口白色，螺层上部着色如贝壳其余部分；螺层数 8，生长线通常不十分清晰，螺层凸出，无螺旋向细沟；胚螺层平滑，光亮；胚螺后螺层平滑；体螺层朝壳口方向逐渐上升，周缘圆整；壳口面平，平截卵圆形，壳口与螺层接合处不联生，几乎垂直，完全贴合于体螺层，无齿样构造，具角结节；壳口缘锋利，扩张，反折且具明显的卷边；胼胝部不明显；壳口反折于轴唇缘；轴柱弓形；轴唇外缘垂直；脐孔很狭窄；壳高 18.8 mm，壳径 9.1 mm。

● **分布**：甘肃。

② **阔唇鸟唇螺锤亚种** *Petraeomastus platychilus malleatus*

贝壳尖卵圆形；壳顶尖出；右旋；壳质薄而坚固，半透明，具光泽；均匀角褐色，壳口白色；螺层数 7.875，螺层凸出，无螺旋向细沟；胚螺层平滑，无光泽；胚螺后螺层平滑；体螺层朝壳口方向逐渐上升，周缘圆整；壳口卵圆形或平截卵圆形，倾斜，无齿样构造，具角结节；壳口缘增厚，扩张，反折但不形成明显的卷边；胼胝部不明显；壳口反折于轴唇缘；轴柱略呈弓形；轴唇外缘垂直；脐孔狭窄；壳高 17.5 ~ 17.9 mm，壳径 8.1 ~ 9 mm。

● **分布**：甘肃南部。

③ **罗氏鸟唇螺** *Petraeomastus rochebruni*

贝壳卵圆锥形；壳顶不尖出；左旋；壳质薄而坚固；半透明，具光泽；贝壳上部着色如其余部分；螺层数 7，螺层略凸出，无凹陷瘢痕；体螺层不具肩；胚螺层平滑，无光泽；胚螺后螺层平滑；缝合线上无窄带；体螺层朝壳口方向逐渐上升，周缘圆整；脐孔狭窄；壳高 14 mm，壳径 7 mm。

● **分布**：西藏。

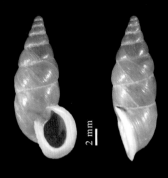

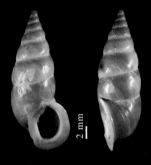

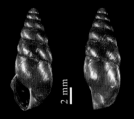

① 摩氏鸟唇螺 *Petraeomastus moellendorffi*

　　贝壳卵圆锥形；壳顶尖出；右旋；不透明，具光泽；紧邻贝壳最后 2 ～ 4 层缝合线的下方，具 1 条棕色色带；壳顶具不同的色调；贝壳最膨大部位出现于体螺层；生长线通常不十分清晰；螺层数 7.625 ～ 8.75，螺层凸出，无螺旋向细沟；胚螺后螺层平滑；体螺层朝壳口方向逐渐上升，周缘圆整；壳口面平，圆圆圆形，壳口与螺层接合处不联生，倾斜，完全贴合于体螺层，无齿样构造，具角结节；无次生壳口；壳口缘锋利，扩张，反折且具明显的卷边，卷边平直且不朝反壳口方向翻折；胼胝部不明显；壳口反折于轴唇缘；脐孔狭窄；壳高 16.3 ～ 21.7 mm，壳径 7.9 ～ 9.2 mm。

　　● 分布：四川北部和甘肃南部。

② 念珠鸟唇螺 *Petraeomastus diaprepes*

　　贝壳卵圆形，壳顶尖出；右旋；不透明，无光泽；整体褐色，具白色粗条纹，壳口白色；螺层数 7.375，螺层凸出，略具凹陷瘢痕，无螺旋向细沟，生长线精细而清晰；体螺层朝壳口方向逐渐上升，周缘圆整；壳口平截卵圆形，壳口与螺层接合处不联生，略倾斜，无齿样构造，具角结节；壳口缘锋利，扩张，反折且具明显的卷边；腔壁胼胝部不明显；轴唇缘略反折；脐孔狭缝状；壳高 21.9 ～ 23.8 mm，壳径 10.9 ～ 11.3 mm。

　　● 分布：甘肃。

③ 纽氏鸟唇螺 *Petraeomastus neumayri*

　　贝壳柱圆锥形；壳顶尖出；左旋；半透明，有光泽；贝壳红褐色，壳口白色；螺层数 6.875 ～ 7.75，螺层略凸出，无螺旋向细沟；胚螺后螺层平滑；体螺层向壳口方向平直延伸，或在壳口后立刻上升，周缘圆整；壳口半圆形，壳口与螺层接合处联生，垂直，完全贴合于体螺层，无齿样构造，角结节缺如；壳口缘锋利，扩张，反折且具明显的卷边，胼胝部明显；壳口反折于轴唇缘；脐孔狭窄；壳高 19.2 ～ 23.5 mm，壳径 8.7 ～ 10.2 mm。

　　● 分布：四川和湖北。

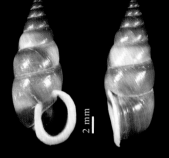

① **锐鸟唇螺** *Petraeomastus mucronatus*

贝壳尖卵圆形；壳顶尖出；右旋；壳质薄而坚固；不透明，有光泽；均匀的褐黄色，壳口白色；螺层数 7 ~ 8，螺层扁平，无螺旋向细沟；胚螺层平滑，无光泽；胚螺后螺层平滑；体螺层朝壳口方向逐渐上升，周缘圆整；壳口卵圆形，壳口与螺层接合处不联生，有齿样构造；具角结节；壳口缘增厚，扩张、反折但不形成明显的卷边，胼胝部不明显；壳口反折于轴唇缘；脐孔狭窄；壳高 16.0 ~ 18.8 mm，壳径 7.5 ~ 9.2 mm。

● 分布：甘肃南部。

② **丸鸟唇螺** *Petraeomastus semifartus*

贝壳柱圆锥形；壳顶略尖出；右旋；壳质薄而坚固；半透明，具光泽；贝壳均一的褐黄色，壳口偏白色；螺层数 7.125 ~ 7.875，螺层很扁平，密布弱的螺旋向细沟；胚螺层平滑，无光泽；胚螺后螺层平滑；体螺层向壳口方向平直或逐渐上升地延长，周缘圆整；壳口卵圆形，无齿样构造，无角结节；壳口缘增厚，反折且具明显的卷边，胼胝部不明显；壳口反折于轴唇缘；脐孔狭窄；壳高 21.3 ~ 23.2 mm，壳径 10.7 ~ 11.8 mm。

● 分布：四川西部。

③ **倭丸鸟唇螺** *Petraeomastus breviculus*

贝壳子弹头状；壳顶不尖出；右旋；壳质薄而坚固；半透明，有光泽；贝壳单一栗色；壳口白色或略深着色；生长线通常不十分清晰；螺层数 5.125 ~ 5.875，螺层扁平，无螺旋向细沟；胚螺层平滑，光亮；胚螺后螺层平滑；体螺层明显地向壳口方向逐渐上抬，周缘圆整；壳口面平，圆角四边形，壳口与螺层接合处不联生，倾斜，完全贴合于体螺层，无齿样构造，角结节有但不明显；壳口缘锋利，扩张，反折且具明显的卷边；胼胝部不明显；壳口反折于轴唇缘；轴柱垂直；轴唇外缘垂直；脐孔狭窄；壳高 14.9 ~ 15.5 mm，壳径 7.1 ~ 8 mm。

● 分布：甘肃南部。

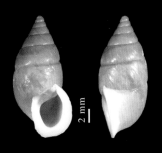

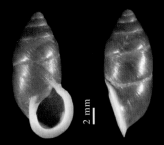

❶ 奥蛹巢螺指名亚种 *Pupinidius obrutschewi obrutschewi*

贝壳尖卵圆形；壳顶尖出；右旋；不透明，具光泽；贝壳深褐色或浅褐色，胚螺层后具粗、细白色条纹；壳口白色；体螺层最膨大，螺层数 6～7，螺层扁平；无螺旋向细沟，生长线通常不很清晰；体螺层向壳口方向略逐渐上升，周缘略具角度；壳口面平，完全贴合于体螺层，平截卵圆形，与螺层接合处不联生，倾斜，无齿，角结节不明显或无；壳口缘狭窄地反折，卷边明显，锋利，轴柱垂直；脐孔狭窄，壳高 18.3～26.5 mm，壳径 9.7～11.8 mm。

● 分布：甘肃南部。

❷ 奥蛹巢螺反亚种 *Pupinidius obrutschewi contractus*

贝壳右旋；几乎不透明，具光泽；除顶部外，为浅栗色，具较均匀分布的白色轴向条纹；壳口白色；螺层数 6.25～7.25，螺层略凸；生长线通常不很清晰，无螺旋向细沟；体螺层朝壳口方向逐渐上升，壳口面平，完全贴合于体螺层，平截卵圆形，与螺层接合处不联生，倾斜，无齿，角结节不明显；壳口缘反折，无明显卷边，锋利，轴唇缘略反折；轴柱垂直；脐孔狭窄；壳高 16.1～20.6 mm，壳径 8.9～11.9 mm。

● 分布：甘肃南部。

❸ 豆蛹巢螺指名亚种 *Pupinidius pupinella pupinella*

贝壳柱圆锥形；壳顶略尖出；右旋；次体螺层和体螺层最膨大；不透明，具光泽；壳顶和脐孔区域浅褐色，自第 4 螺层向下，有或无白色带，壳口白色；螺层数 6.25～6.375，螺层扁平，生长线通常不很清晰，无螺旋向细沟；体螺层朝壳口方向逐渐上升，周缘圆整；壳口面平，完全贴合于体螺层，近圆形，壳口与螺层接合处不联生，略倾斜，无齿，角结节有但不明显；壳口缘反折，无卷边，轴柱垂直；脐孔狭窄；壳高 18.3～20.8 mm，壳径 14.0～15.8 mm。

● 分布：甘肃南部。

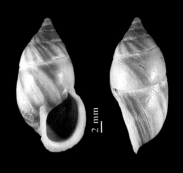

❶ 豆蛹巢螺高旋亚种 *Pupinidius pupinella altispirus*

贝壳卵圆形；壳顶尖出；右旋；次体螺层和体螺层最膨大；不透明，具光泽；浅灰褐色，从第3层或第4层开始，螺层几乎被宽阔的白色螺旋向色带占据；壳口白色；螺层数6.375～7，螺层扁平；仅脐孔区具螺旋向细沟，生长线通常不很清晰；体螺层朝壳口方向逐渐上升，周缘圆整；壳口面平，近圆形或平截卵圆形，与螺层接合处不联生，倾斜，无齿，具角结节；壳口缘反折，无明显卷边，锐利；轴柱垂直或略呈弓形；脐孔狭窄；壳高16.4～18.7 mm，壳径12～14 mm。

● 分布：甘肃南部。

❷ 格氏蛹巢螺 *Pupinidius gregorii*

贝壳长圆锥形；壳顶尖出；右旋；体螺层和/或次体螺层最膨大；不透明，具光泽；栗色，在缝合线上方具白色宽螺旋向色带，紧邻缝合线；脐孔区域亦呈栗色；螺层数7.375～7.75，螺层扁平；无螺旋向细沟；体螺层朝壳口方向逐渐上升，周缘圆整；壳口面平，卵圆形，与螺层接合处不联生，略倾斜，无齿，角结节有但不明显；壳口缘反折且具明显的卷边；卷边平直且不朝离壳口方向翻折；壳口缘扩张，锐利；轴柱垂直；脐孔狭窄；壳高19.9～21.3 mm，壳径11.2～11.5 mm。

● 分布：四川。

❸ 灰口蛹巢螺指名亚种 *Pupinidius melinostoma melinostoma*

贝壳柱圆锥形，壳顶尖出；右旋；次体螺层和体螺层最膨大；不透明，具光泽，除壳顶外略有凹陷瘢痕，无螺旋向细沟，深栗色，壳顶后具不规则的粗细条纹；壳口红褐色；螺层数6.25～7；螺层略扁平，体螺层周缘圆整，朝壳口方向逐渐上升；壳口面平，平截卵圆形，与螺层接合处不联生，略倾斜，无齿，角结节明显；壳口缘强烈反折，无明显卷边，扩张，锐利；轴柱弓形；脐孔狭窄；壳高20.9～24.8 mm，壳径11.3～13.1 mm。

● 分布：甘肃南部。

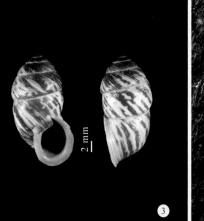

① 金蛹巢螺 *Pupinidius chrysalis*

贝壳柱圆锥形；壳顶不尖出；右旋；不透明，具光泽；贝壳最初 3 ~ 4 个螺层半透明，红褐色，之后的螺层白色，厚而不透明，无条纹，壳口污白色；体螺层最膨大；螺层数 5.125 ~ 6，螺层扁平，无螺旋向细沟；体螺层朝壳口方向逐渐上升，周缘完整；壳口完全贴合于体螺层，卵圆形，与螺层接合处不联生，几乎垂直，无齿及角结节；壳口缘反折，无明显卷边，锋利；胼胝部多少明显；脐孔狭窄；壳高 22.7 ~ 25 mm，壳径 12.1 ~ 15 mm。

● 分布：云南。栖息于澜沧江中游的河谷坡地。

② 阔唇蛹巢螺 *Pupinidius latilabrum*

贝壳近圆柱形；壳顶不尖出；右旋；体螺层最膨大；不透明，具光泽；无凹陷瘢痕，褐黄色，近缝合线具不明显的窄亮带；螺层数 7 ~ 7.875，螺层扁平，生长线通常不很清晰；胚螺层平滑，光亮；体螺层周缘圆整，朝壳口方向逐渐上升；壳口卵圆形，几乎垂直，无齿，角结节不甚明显；壳口面平，壳口缘扩张，反折且具明显的平直卷边；轴柱弓形；轴唇外缘垂直；脐孔狭窄；壳高 22.5 ~ 25.8 mm，壳径 12.2 ~ 13.6 mm。

● 分布：云南北部和四川南部。栖息于澜沧江中游的河谷坡地，该地区每年有相当长时间处于极度干旱之中。

③ 南坪蛹巢螺指名亚种 *Pupinidius nanpingensis nanpingensis*

贝壳卵圆形；壳顶不尖出；右旋；半透明，具光泽；贝壳通常为单一的绿褐色，有些个体在壳顶后具微弱的白色条纹，体螺层为贝壳最膨大部分；上部螺层着色如贝壳其他部分；螺层数 6.25 ~ 7，螺层凸出；无螺旋向细沟；体螺层向壳口方向略逐渐上升，周缘圆整；壳口卵圆形，壳口与螺层接合处不联生，倾斜，无齿样构造，角结节微小；壳口缘反折，扩张，增厚；胼胝部不明显；脐孔狭窄；壳高 17.1 ~ 21.5 mm，壳径 9.6 ~ 12.5 mm。

● 分布：甘肃南部。

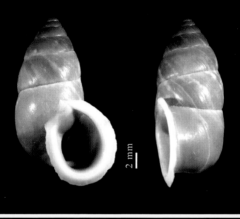

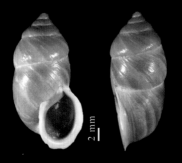

① 南坪蛹巢螺惑亚种 *Pupinidius nanpingensis ambigua*

贝壳子弹头状；壳顶略尖出；右旋；不透明，具光泽；贝壳红褐色，壳口褐白色；螺层数 6 ~ 6.125，螺层扁平；生长线通常不很清晰，无螺旋向细沟；体螺层向壳口逐渐上升或平直，周缘圆整；壳口面平，完全贴合于体螺层，平截卵圆形，与螺层接合处不联生，倾斜，无齿，有或无角结节；壳口缘反折且具明显的卷边；卷边平直且不朝反壳口方向翻折；壳口缘锋利；胼胝部不明显；壳口反折于轴唇缘；轴柱垂直或略斜；脐孔狭窄；壳高 17.2 ~ 20.1 mm，壳径 9.5 ~ 10.7 mm。

● 分布：甘肃南部。

② 扭轴蛹巢螺 *Pupinidius streptaxis*

贝壳球形；壳顶尖出；右旋；体螺层最膨大；不透明，具光泽；贝壳角褐色，壳顶下螺层具很宽的白色条纹；螺层数 5.375 ~ 5.875，螺层略扁平；生长线通常不很清晰，无螺旋向细沟；胚螺层平滑，光亮；体螺层朝壳口方向逐渐上升，周缘圆整；壳口面平，完全贴合于体螺层，平截卵圆形，与螺层接合处不联生，倾斜，无齿及角结节；壳口缘反折且具明显的卷边；卷边平直，或向离壳口面翻折；壳口缘扩张，锋利；轴柱垂直或呈弓形；脐孔狭窄；壳高 15.8 ~ 17.3 mm，壳径 12.1 ~ 13.3 mm。

● 分布：甘肃南部。

③ 上曲蛹巢螺 *Pupinidius anocamptus*

贝壳尖卵圆形；壳顶尖出；右旋；次体螺层和体螺层最膨大；半透明，有光泽；贝壳深褐色，壳口发白或带红色调子；螺层数 7.375 ~ 8，螺层凸出；生长线通常不是很清晰，无螺旋向细沟；体螺层朝壳口方向逐渐上升，周缘圆整；壳口完全贴合于体螺层，卵圆形，与螺层接合处不联生，非常倾斜，无齿，具角结节；壳口面平，壳口缘反折，增厚；脐孔狭窄；壳高 14.1 ~ 17.7 mm，壳径 6.7 ~ 7.7 mm。

● 分布：四川北部。

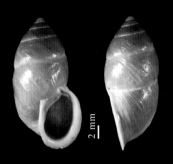

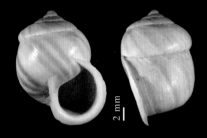

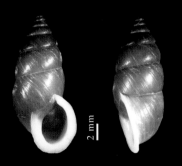

① 伸蛹巢螺指名亚种 *Pupinidius porrectus porrectus*

贝壳纺锤形；壳顶尖出；右旋；不透明，具光泽；贝壳底色白，壳顶褐色；从第3层到壳口在缝合线下有一条窄褐色色带，与缝合线毗连；贝壳最膨大的部分位于次体螺层和体螺层；螺层数7.25，螺层扁平，无螺旋向细沟；体螺层向壳口方向平直延伸，或下降，周缘圆整；壳口面平，与体螺层分离，卵圆形，倾斜，无齿，无角结节；壳口缘反折形成明显的卷边，扩张，锋利；胼胝部明显；脐孔较阔大；壳高19.7 mm，壳径11.3 mm。

● 分布：四川西部。

② 文蛹巢螺 *Pupinidius wenxian*

贝壳柱圆锥形；壳顶尖出；右旋；贝壳最膨大的部分位于次体螺层和体螺层；壳质薄而坚固，半透明，具光泽；贝壳单一绿褐色，壳口白色；无螺旋向细沟；螺层数6.625 ~ 8.375，螺层凸出；胚螺层平滑，光亮；胚螺后螺层平滑；体螺层朝壳口方向逐渐上升，周缘圆整；壳口卵圆形，壳口与螺层接合处不联生，略倾斜，无齿样构造，具角结节；壳口缘反折，形成明显的反折，扩张，锋利；胼胝部不明显；壳口反折于轴唇缘；脐孔狭缝状；壳高15.3 ~ 19.7 mm，壳径8.0 ~ 10.6 mm。

● 分布：甘肃南部。生活于覆满了苔藓和地衣的板岩上。

③ 蛹巢螺 *Pupinidius pupinidius*

贝壳柱圆锥形；壳顶尖出；右旋；贝壳最膨大的部分位于次体螺层和体螺层；不透明，具光泽；壳顶和脐孔区域浅褐色，具灰白色螺旋向色带占据每个螺层缝合线上 2/3 部分；螺层数6.875 ~ 7.375，螺层略凸出；无凹陷瘢痕，仅脐孔区微弱出现螺旋向细沟，生长线通常不很清晰；胚螺层平滑，光亮；体螺层朝壳口方向逐渐上升，周缘圆整；壳口面平，完全贴合于体螺层，平截卵圆形，壳口与螺层接合处不联生，无齿，具角结节；壳口缘反折且具明显的卷边，轴柱垂直；脐孔狭缝状；壳高21.1 ~ 23.8 mm，壳径12.9 ~ 13.9 mm。

● 分布：甘肃南部。

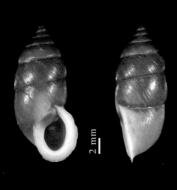

① 茨氏蛹纳螺 *Pupopsis zilchi*

贝壳卵圆形至长卵圆形；体螺层最膨大；壳顶不尖出；右旋；不透明，具或不具光泽；贝壳浅黄褐色，在紧邻缝合线下方具1条狭窄的白色色带；壳口白色；仅在脐孔区域具螺旋向细沟，略凸出；生长线纤细，密集排列，有时断裂为成串小颗粒；体螺层向壳口方向逐渐上抬，周缘圆整；壳口圆角三角形，略倾斜；腭壁缘圆整或略有凹陷，腭壁缘具2枚齿，中部的齿较强，其上的齿较弱；壳口缘略扩张，十分厚；胼胝部不明显；具角结节和腔壁齿，两者相连或毗邻；腭壁无齿；轴柱垂直，具1枚瘤状齿；轴唇外缘呈弓形；脐孔很狭窄；壳高12.7～13.1 mm，壳径5.6～6.1 mm。

● 分布：甘肃。

② 反齿蛹纳螺 *Pupopsis retrodens*

贝壳长卵圆形；壳顶不尖出；右旋；半透明，具光泽；螺层数6.375～7.5，螺层突出，具螺旋向细沟；体螺层朝壳口方向几乎平直延伸，周缘圆整；壳口耳形，垂直，连接螺层处分离；腭壁缘圆整；壳口缘略扩张，锋利；腔壁胼胝部不明显，具角结节；具腔壁齿；腭壁具1枚齿；轴唇缘反折，具1枚齿；贝壳均一角褐色，脐孔狭窄；壳高8.5～11.1 mm，壳径3.7～5.0 mm。

● 分布：甘肃。

③ 绯口蛹纳螺 *Pupopsis rhodostoma*

贝壳卵圆形；壳顶不尖出；右旋；不透明，具光泽；贝壳均一红褐色，壳口呈发红的白色；螺层数5.75～6.125；螺层凸出；螺层无螺旋向细沟；胚螺层平滑，不光亮；缝合线下无狭窄区；体螺层向壳口方向逐渐上抬，周缘圆整；壳口近圆形，略倾斜；壳口缘略扩张，略厚；腭壁缘圆整；腭壁齿缺如；胼胝部不明显，角结节缺如；腔壁齿发育弱；轴唇缘反折，具1枚不向内扩展的钝齿；脐孔狭窄；壳高7.4～8.0 mm，壳径3.7～3.9 mm。

● 分布：新疆。生活于山地的板岩下。

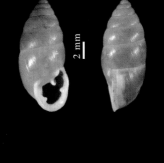

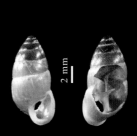

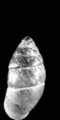

① **横丹蛹纳螺** *Pupopsis hendan*

贝壳尖卵圆形；壳顶不尖出；右旋；壳质薄而坚固；不透明，无光泽；呈均一绿褐色；螺层数 6.25 ～ 8，螺层凸出，无螺旋向细沟；胚螺层平滑，不光亮；缝合线下具有狭窄的带区，尤其在前 3 层螺层以后的螺层；体螺层朝壳口方向平直延伸或逐渐上抬，周缘圆整；壳口近卵圆形，几乎垂直；腭壁缘圆整，壳口缘扩张，腭壁胼胝部明显，具角结节；具腔壁齿；腭壁 1/4 具嵴样板齿，后者向内延伸 1/4 ～ 1/3 个螺层；轴唇缘反折，明显具 1 枚向内扩展的齿；脐孔狭窄；壳高 7.1 ～ 8.5 mm，壳径 2.8 ～ 3.2 mm。

● 分布：甘肃南部。

② **茂蛹纳螺** *Pupopsis maoxian*

贝壳纺锭形；壳顶不尖出；右旋；壳质薄而坚固；半透明，具光泽；贝壳均匀浅棕白色，壳口白色；螺层数 8.125，螺层凸出，螺层无螺旋向细沟；胚螺层平滑，光亮；缝合线下无狭窄区；体螺层向壳口方向逐渐上抬，周缘圆整；壳口卵圆形，略倾斜；壳口缘扩张，锋利；腭壁缘圆整；腭壁具嵴样板齿，后者向内延伸 $1\frac{1}{4}$ 个螺层；胼胝部不明显，具角结节；腔壁齿缺如；轴唇缘反折，明显具 1 枚向内扩展的齿；脐孔狭缝状；壳高 8.8 ～ 8.9 mm，壳径 2.2 ～ 3.4 mm。

● 分布：甘肃南部。

③ **拟蛹纳螺** *Pupopsis subpupopsis*

贝壳圆柱形具锥形顶部；壳顶不尖出；右旋；壳质薄而坚固；半透明，有光泽；贝壳均匀角褐色，壳口和齿白色；螺层数 7.5 ～ 7.875，螺层凸出；螺层无螺旋向细沟；胚螺层平滑，略有光亮；缝合线下无狭窄区；体螺层朝壳口方向突然上抬；壳口卵圆形，略倾斜；腭壁缘圆整；壳口缘扩张，锋利；腭壁具嵴样齿；胼胝部不明显；具角结节；具腔壁齿；轴唇缘反折，具 1 枚钝齿；脐孔狭缝状；壳高 11.7 mm，壳径 5.1 ～ 5.2 mm。

● 分布：甘肃南部。

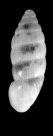

① 扭蛹纳螺 *Pupopsis torquilla*

贝壳柱圆锥形；壳顶不尖出或明显而微弱尖出；右旋；不透明，具光泽；贝壳角褐色，壳口白色；螺层数 7.5～8，螺层具螺旋向细沟或无，螺层突出；缝合线下无狭窄区；体螺层向壳口方向平直，周缘圆整；壳口半圆形，倾斜；腭壁嵴样齿强或不明显；腭壁缘圆整；壳口缘扩张，增厚；胼胝部不明显；具角结节；腔壁齿远大于角结节，向内延伸，腭壁具 1 枚嵴样齿；轴唇缘反折，具 1 枚向内延展的钝齿；脐孔略阔大；壳高 7.3～7.5 mm，壳径 3.5～3.7 mm。

● 分布：甘肃南部。

② 似扭蛹纳螺 *Pupopsis subtorquilla*

贝壳卵圆形；壳顶不尖出；右旋；不透明，具光泽；贝壳浅角褐色，壳口白色；螺层数 6.5～7.5，螺层多少凸出，螺层无螺旋向细沟；缝合线下无狭窄区；体螺层向壳口方向逐渐上抬，周缘圆整；壳口近卵圆形，几乎垂直；腭壁缘圆整；壳口缘扩张，锋利，腭壁具嵴样板齿，后者向内延伸 1 个螺层；胼胝部明显；具角结节和腔壁齿；轴唇缘反折，具 1 枚从壳口不可见的齿，后者沿螺轴向内延展；脐孔狭缝状；壳高 7.0～8.4 mm，壳径 3.5～4.5 mm。

● 分布：甘肃南部。

③ 英蛹纳螺 *Pupopsis yengiawat*

贝壳圆柱形，具锥形顶端；壳顶不尖出；右旋；无光泽；贝壳污白色，壳口白色；螺层数 6.125～6.75，螺层略凸出，螺层具不明显的螺旋向细沟；缝合线下无狭窄区；体螺层向壳口方向逐渐上抬，周缘圆整；壳口近卵圆形，几乎垂直，与螺层相接处由明显的胼胝部相连，具或不具齿；角结节及右侧壳口与螺层接合处融合；腔壁齿清晰出现或消失；腭壁齿缺如；腭壁缘圆整；壳口缘宽阔而突然反折，锋利，具厚的白色胼胝部，腭壁无齿；轴唇缘反折，无齿；脐孔狭窄；壳高 8.0～9.4 mm，壳径 4.1～4.7 mm。

● 分布：新疆。

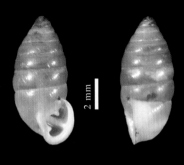

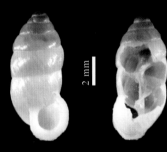

① 蛹纳螺 *Pupopsis pupopsis*

贝壳柱圆锥形；右旋；壳顶略尖出；不透明，略具光泽，黄褐色，壳口白色；螺层数 8 ～ 9；螺层扁平，螺旋向细沟有或无；体螺层朝壳口方向几乎平直延伸，周缘圆整；壳口近圆形，倾斜，不联生；壳口缘扩张，厚，具角结节和腔壁齿；腭壁板齿 1 枚，向内延伸约 1 个螺层；腭壁缘圆整；轴唇缘反折，中部具 1 枚明显的板齿，向内延展；脐孔狭窄；纳精囊盲管缺如；壳高 13.0 ～ 15.4 mm，壳径 5.6 ～ 6.2 mm。

● 分布：甘肃南部。

② 玉虚蛹纳螺 *Pupopsis yuxu*

贝壳圆柱形，具锥形顶部；壳顶不尖出；右旋；透明或半透明，具光泽；贝壳角褐色，壳口白色；螺层数 6.75 ～ 7.75，螺层凸出，螺层无螺旋向细沟；胚螺层平滑，光亮，缝合线下无狭窄区；体螺层朝壳口方向逐渐上升，周缘圆整；壳口卵圆形，几乎垂直；腭壁具嵴样板齿，后者向内延伸 1/4 ～ 1/3 个螺层；腭壁缘圆整；壳口缘扩张，锋利；具角结节；腔壁齿出现或缺失；轴唇缘反折，具 1 枚明显向内延展的齿，但从壳口不可见；脐孔狭缝状；壳高 6.2 ～ 6.7 mm，壳径 2.6 ～ 2.9 mm。

● 分布：甘肃南部。栖息于多多肉植物的山坡。

③ 戒金丝雀螺 *Serina egressa*

贝壳卵圆塔形；壳顶不尖出；右旋；壳顶栗色，随后螺层均一红褐色或红褐色且具无数白色轴向条纹，壳口白色或褐白色；螺层数 8.25 ～ 9.125，螺层凸起，生长线通常不很清晰；毗邻缝合线具一窄带区；次体螺层和体螺层最膨大；体螺层向壳口逐渐上升或在壳口后立刻上升，周缘平直或凹陷；壳口面平，卵圆形，与螺层接合处联生，略倾斜，具齿，角结节无；次生壳口出现但不明显；无腭壁皱襞；壳口缘反折且具明显的平直卷边，腔壁无齿；体螺层出现的凹陷约延伸 3/4 个螺层；轴唇缘反折，具 1 向内延伸的板齿；轴柱弓形；脐孔宽阔；壳高 10.4 ～ 12.7 mm，壳径 3.9 ～ 4.6 mm。

● 分布：甘肃南部。常大群栖息于板岩表面。

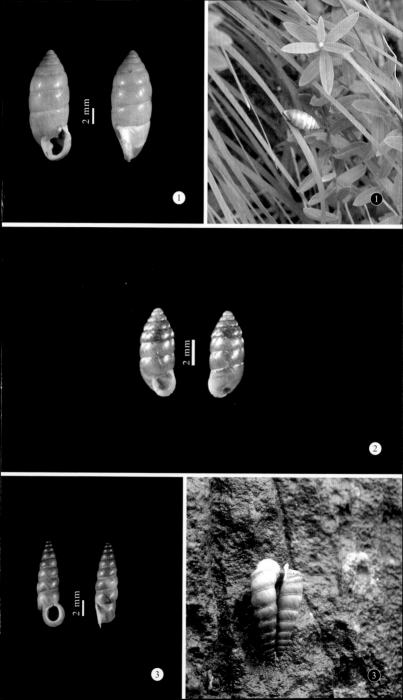

① 近暮金丝雀螺 *Serina subser*

贝壳塔形；壳顶不尖出；右旋；倒数第3层最膨大；底色白，壳顶偏红色，无色带；螺层数 6.125 ~ 11，螺层凸起，生长线通常不是很清晰；体螺层通常朝壳口方向逐渐上抬或平直，周缘圆整，在反壳口侧的近壳口处略具密集褶皱；壳口面略波曲，卵圆形或平截卵圆形；与螺层接合处联生，几乎垂直，完全贴合于体螺层，角结节缺如；具次生壳口但不明显；口缘反折且具平直卷边，轴柱垂直，无齿；脐孔狭窄；壳高 10.2 ~ 14.5 mm，壳径 3.1 ~ 4.9 mm。

● 分布：甘肃南部。

② 矛金丝雀螺 *Serina belae*

贝壳柱圆锥形；壳顶不尖出；右旋；壳顶黄褐色，之后的螺层白色，壳口白色；螺层数 9.625，螺层略凸出，生长线通常不很清晰；体螺层在壳后立即上抬，周缘或多或少平直，在反壳口侧、近壳口处具密集的褶皱；壳口面波状，卵圆形；与螺层接合处联生，极倾斜，完全贴合于体螺层，角结节无；无次生壳口；壳口缘反折且具明显的卷边；体螺层出现的凹陷约延伸 1 个螺层；次体螺层或体螺层最膨大；轴柱具 2 个皱襞；壳口反折于轴唇缘；轴柱向轴倾斜；脐孔宽阔；壳高 12.4 mm，壳径 3.9 mm。

● 分布：云南。

③ 暮金丝雀螺 *Serina ser*

贝壳卵圆形塔形；壳顶不尖出；右旋；贝壳灰褐色，壳顶带有红色；壳口白色或褐白色；螺层数 8.75 ~ 9.625，螺层凸起，生长线纤细而清晰；毗邻缝合线具一窄带区；体螺层朝壳口方向逐渐上升，周缘略凹陷，具光滑的螺旋向周缘凹陷；壳口面平，圆形至卵圆形，与螺层接合处联生，几乎垂直，完全贴合于体螺层，无齿；次生壳口明显；壳口缘反折且具明显的卷边，卷边平直；体螺层凹陷约延伸 3/4 个螺层；壳口反折于轴唇缘；次体螺层和体螺层最膨大；轴柱垂直，脐孔宽阔；壳高 12.2 ~ 14.5 mm，壳径 4.1 ~ 4.9 mm。

● 分布：甘肃和四川。

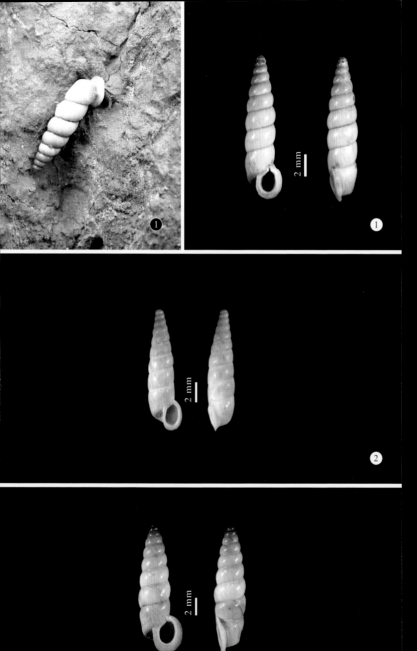

❶ 前口金丝雀螺 *Serina prostoma*

贝壳塔形或纺锤形；壳顶略尖出，右旋；除壳顶4层略半透明外不透明，或多或少具光泽；壳顶部4层红褐色，随后螺层白色且具一些浅褐色条纹，壳口白色；螺层数 7.875 ～ 9，生长线纤细而清晰；除最后2层外，螺层凸出；毗邻缝合线具一窄带区；次体螺层最膨大；体螺层向壳口方向略下降，周缘略凹陷或平直，在反壳口侧、近壳口处具粗糙区域；壳口几乎在同一平面上，卵圆形，壳口与螺层接合处联生，非常倾斜，与体螺层分离；壳口缘反折且具明显的平直卷边；体螺层出现的凹陷约延伸 1 个螺层。壳口反折于轴唇缘；轴柱倾斜，无齿；脐孔宽阔；壳高 11.2 ～ 14.9 mm，壳径 3.4 ～ 4.9 mm。

● 分布：四川、云南和西藏三省区交界处。栖息于澜沧江的陡峭河岸。

❷ 舒金丝雀指名亚种 *Serina soluta soluta*

贝壳纺锤形；壳顶不尖出，右旋；贝壳浅黄褐色，壳口污白色；螺层数 8.75，螺层凸起，生长线纤细而清晰，缝合线下有或无狭窄条区；次体螺层和体螺层最膨大；体螺层向壳口方向平直延伸或下降，周缘圆整，在反壳口侧、近壳口处粗糙区域出现但不清晰；壳口面平或波形，近圆形，与螺层接合处联生，倾斜，与体螺层分离，无齿；无次生壳口；壳口缘反折且具明显的卷边，卷边平直；轴柱弓形，无齿；脐孔狭窄；壳高 14.3 mm，壳径 5.3 mm。

● 分布：四川。

❸ 舒金丝雀螺膨亚种 *Serina soluta inflata*

贝壳纺锤形；壳顶不尖出，右旋；贝壳褐色，壳口呈夹褐色调的白色；螺层数 7.5 ～ 8.5，螺层凸起；生长线纤细而清晰；次体螺层和体螺层最膨大；体螺层朝壳口方向或多或少上抬，周缘圆整，在反壳口侧、近壳口处形成粗糙区域；壳口面波状，近圆形，壳口与螺层接合处联生，垂直，与体螺层分离，无齿状结构；无次生壳口；壳口缘反折且具明显的卷边，卷边平直；轴柱弓形，无齿；脐孔狭窄；壳高 11.9 ～ 14.2 mm，壳径 5.0 ～ 5.8 mm。

● 分布：四川。

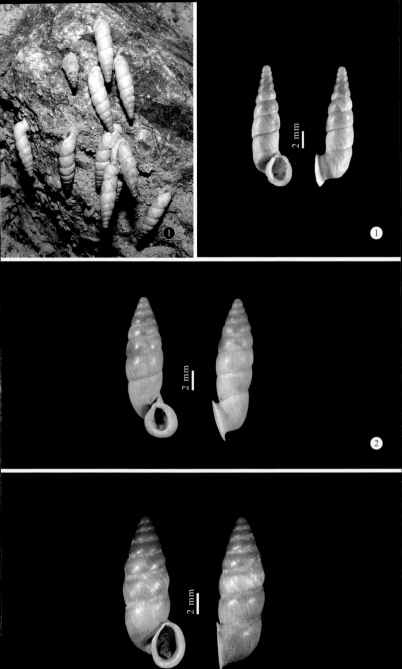

① 舒金丝雀螺狭唇亚种 *Serina soluta stenochila*

贝壳纺锤形；壳顶不尖出；右旋；贝壳褐色，壳口呈夹褐色调的白色；螺层数 8.5 ~ 9，螺层凸起，生长线纤细而清晰；次体螺层最膨大，体螺层朝壳口方向逐渐上升，周缘圆整，在反壳口侧、近壳口处的粗糙区域出现但不明显；壳口面波状，近圆形，壳口与螺层接合处联生，垂直，完全与体螺层分离，无齿及角结节；无次生壳口；壳口缘反折且具明显的卷边，卷边平直；壳口反折于轴唇缘；轴柱弓形，无齿；脐孔狭窄；壳高 12.5 ~ 12.9 mm，壳径 4.6 ~ 4.8 mm。

● 分布：四川。

② 条金丝雀螺 *Serina cathaica*

贝壳塔形或卵圆塔形；壳顶不尖出；右旋；贝壳栗色，壳口同色或色浅；螺层数 8.125 ~ 8.625，螺层凸起，生长线纤细而清晰，毗邻缝合线具一窄带区；次体螺层最膨大；体螺层在壳口后立即上抬，周缘平直，在反壳口侧、近壳口处具粗糙区域；壳口面平，卵圆形，与螺层接合处联生，几乎垂直，完全贴合于体螺层，角结节缺如；无次生壳口；壳口缘反折且具明显的卷边；体螺层出现的凹陷约延伸 1 个螺层；轴柱弓形，是否具齿未知；脐孔狭窄；壳高 9.7 ~ 11.4 mm，壳径 2.8 ~ 3.3 mm。

● 分布：甘肃南部。

③ 文氏金丝雀螺 *Serina vincentii*

贝壳圆锥形；壳顶不尖出；右旋；贝壳深栗色，壳口白色或褐白色；螺层数 6.875 ~ 7.5，螺层凸起，生长线纤细而清晰，缝合线上窄带区有或无；体螺层最膨大；体螺层朝壳口方向逐渐上升，周缘圆整；壳口面平，圆形，与螺层接合处联生，倾斜，完全贴生于体螺层上；壳口缘反折且具明显的卷边，卷边平直；胼胝部明显；轴柱弓形，是否具齿未知；脐孔宽阔；壳高 8.0 ~ 8.9 mm，壳径 5.0 ~ 5.3 mm。

● 分布：甘肃南部。

① **暖杂斑螺指名亚种** *Subzebrinus asaphes asaphes*

贝壳卵圆锥形；右旋；不透明，有光泽；壳顶部红褐色，之后螺层白色，杂有放射向棕色条纹，壳口呈夹褐色调的白色；螺层数 9.875 ~ 10.875，螺层扁平，生长线不清晰，脐孔区域不明显地具螺旋向细沟；体螺层向壳口方向平直或逐渐上升地延长，周缘圆整；壳口几乎在同一平面上，平截卵圆形，倾斜，完全贴合于体螺层，无齿，具角结节；壳口扩张；壳口缘反折但不形成明显的卷边，轴柱垂直；脐孔狭窄；壳高 21.3 ~ 25.5 mm，壳径 7.7 ~ 8.8 mm。

● 分布：甘肃南部。

② **暖杂斑螺短亚种** *Subzebrinus asaphes brevior*

贝壳高圆锥状；壳顶不尖出；右旋；不透明，有光泽；壳顶部红褐色，其螺层棕白色条纹相杂，壳口褐白色；螺层数 9.875 ~ 10，螺层略凸起，生长线不甚清晰，仅脐孔区具微弱的螺旋向细沟；体螺层朝壳口方向逐渐上升，周缘圆整；壳口面波状，平截卵圆形，与螺层接合处不联生，倾斜，贴合于体螺层，无齿，具角结节；壳口缘锋利，反折但不形成明显的卷边；胼胝部不明显；壳口反折于轴唇缘；轴柱垂直；脐孔狭窄；壳高 22.1 ~ 23.3 mm，壳径 7.4 mm。

● 分布：甘肃南部。

③ **奥托杂斑螺指名亚种** *Subzebrinus ottonis ottonis*

贝壳高圆锥状；壳顶不尖出；右旋；不透明，有光泽；壳栗色，杂有等距离排列或粗或细的白色条纹，壳口红白色；螺层数 7.375 ~ 7.875，螺层扁平，具凹陷瘢痕，无螺旋向细沟，生长线通常不清晰或很模糊；体螺层朝壳口方向逐渐上升，周缘圆整；壳口面平，平截卵圆形，与螺层接合处不联生，倾斜，完全贴合于体螺层，无齿，角结节或多或少清晰；壳口缘增厚，反折且具明显的卷边，卷边平直，胼胝部不明显；壳口反折于轴唇缘；轴柱垂直；脐孔狭窄；壳高 21.3 ~ 24.2 mm，壳径 9.5 ~ 11.1 mm。

● 分布：甘肃和四川。

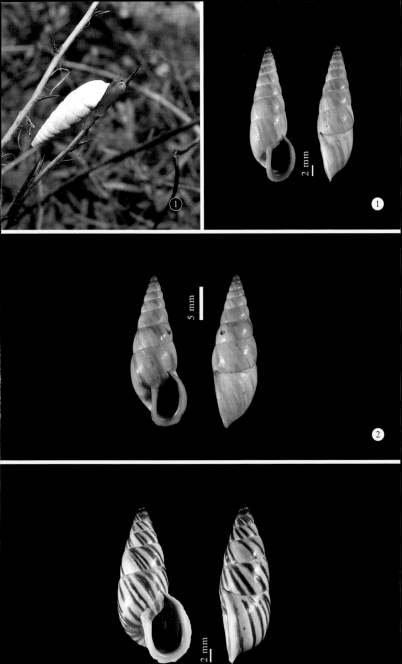

① 奥托杂斑螺凸亚种 *Subzebrinus ottonis convexospirus*

贝壳长卵圆形；壳顶不尖出；右旋；不透明，具光泽。壳顶浅褐色，随后螺层污白色和栗色条纹，壳口呈发红的白色；螺层数 7.25 ～ 7.75，螺层略凸起，凹陷瘢痕有或无，仅脐孔区域具螺旋向细沟，生长线通常不十分清晰；胚螺层平滑，光亮；体螺层向壳口方向逐渐上抬或在壳口后立即上抬，周缘圆整；壳口面平，平截卵圆形或圆角四边形，与螺层接合处不联生，倾斜，完全贴合于体螺层，无齿，角结节不甚明显；壳口缘锋利，反折且具明显的卷边，卷边平直；壳口反折于轴唇缘；轴柱垂直；脐孔很狭窄；壳高 22.2 ～ 24.9 mm，壳径 9 ～ 9.8 mm。

● 分布：甘肃南部。

② 别氏杂斑螺 *Subzebrinus beresowskii*

贝壳长卵圆形；右旋；有光泽；深栗色且具多少等间距排列的白色条纹，壳顶白色或褐白色；螺层数 7.5 ～ 7.875，螺层扁平，凹陷瘢痕有或无，不具肩，无螺旋向细沟；胚螺层平滑但不光亮；胚螺后螺层平滑；体螺层朝壳口方向逐渐上升，周缘圆整；壳口面平，平截卵圆形，极倾斜，完全贴合于体螺层，无齿，角结节缺如；壳口扩张，具平直卷边；壳口反折于轴唇缘；轴柱弓形；脐孔狭窄；壳高 19.8 ～ 22.5 mm，壳径 8.0 ～ 9.1 mm。

● 分布：四川西北部。

③ 波氏杂斑螺指名亚种 *Subzebrinus baudoni baudoni*

贝壳壳顶不尖出，右旋；不透明，有光泽；褐色且具白色细纹，壳口白色；螺层数 7.25 ～ 8.625，螺层扁平，略具凹陷瘢痕，无螺旋向细沟，生长线精细而清晰；胚螺层平滑，光亮；胚螺后螺层具非均匀分布的颗粒；体螺层向壳口方向略逐渐上升，周缘圆整；壳口面略呈波浪状，平截卵圆形，倾斜，具角结节；壳口缘锋利，反折且具明显的卷边；轴柱垂直；脐孔狭窄；壳高 14 ～ 17.8 mm，壳径 5.4 ～ 6.7 mm。

● 分布：四川和湖北西部。

①波图杂斑螺 *Subzebrinus postumus*

贝壳纺锭形或长卵圆形；壳顶不尖出；右旋；不透明，具光泽；贝壳浅褐色，具密集分布的白色条纹，壳口白色；螺层数 7.25 ~ 7.375，螺层凸出，具凹陷瘢痕，仅脐孔区精细而密集分布的螺旋向细沟，生长线常不清晰；体螺层向壳口方向平直延伸，或在壳口后立刻上升，周缘圆整，壳口面平，椭圆形，与螺层接合处不联生，倾斜，完全贴合于体螺层，无齿，角结节有或无。壳口缘锋利，反折但不形成明显的卷边；胼胝部不明显；壳口反折于轴唇缘；轴柱倾斜；脐孔狭窄；壳高 14 ~ 14.5 mm，壳径 5.2 ~ 5.5 mm。

● 分布：重庆、湖南、湖北、江西等地。

②布氏杂斑螺 *Subzebrinus bretschneideri*

贝壳长卵圆形；壳顶不尖出；右旋；不透明，有光泽；壳褐色，胚螺层后的螺层上密布轴向白色条带，壳口呈夹褐色调的白色；螺层数 7.625 ~ 7.75，螺层相当扁平，除壳顶部分外具凹陷瘢痕，无螺旋向细沟；胚螺层平滑，多少具光泽；胚螺后螺层平滑；体螺层向壳口极平直地延伸，周缘圆整；壳口呈圆角的菱形，壳口与螺层接合处联生，倾斜，完全贴合于体螺层，无齿样构造，角结节缺如；壳口缘增厚，几乎不扩张，除在轴唇缘外不反折；胼胝部明显；脐孔狭缝状；壳高 21.8 ~ 22.5 mm，壳径 7.8 ~ 8.1 mm。

● 分布：四川。

③冬杂斑螺 *Subzebrinus hyemalis*

贝壳高圆锥状；壳顶不尖出；右旋；壳浅角褐色，上覆白色条纹以致贝壳表面几乎成白色；螺层数 7.25 ~ 8，螺层凸出，密布螺旋向细沟；胚螺层平滑，无光泽；体螺层朝壳口方向平直延伸，周缘圆整；壳口面略波曲，平截卵圆形，与螺层接合处不联生，倾斜，完全贴合于体螺层，无齿，具角结节；壳口缘增厚，略反折但不形成明显的卷边；脐孔狭窄；壳高 11.7 ~ 13.8 mm，壳径 4.9 ~ 5.7 mm。

● 分布：安徽。

① 福氏杂斑螺 *Subzebrinus fultoni*

贝壳纺锤形；壳顶不尖出；左旋；不透明，具光泽；贝壳角褐色，胚螺后螺层具多少等间距排列的白色条纹，壳口褐白色；螺层数 7.625 ~ 9，螺层略扁平，尤在体螺层略有凹陷瘢痕，具螺旋向细沟，生长线通常不十分清晰；胚螺后螺层平滑；体螺层朝壳口方向逐渐上升，周缘圆整；壳口面呈强烈波形，平截卵圆形，与螺层接合处不联生，极倾斜，完全贴合于体螺层，无齿，具角结节；壳口缘锋利，除轴唇外几乎不扩张；胼胝部不明显；轴柱垂直；轴唇垂直；脐孔狭缝状；壳高 14.8 ~ 19.4 mm，壳径 6.0 ~ 7.1 mm。

● 分布：四川。

② 浩罕杂斑螺 *Subzebrinus kokandensis*

贝壳纺锤形；壳顶不尖出；右旋；不透明，有光泽；壳污白色，壳顶红褐色，螺层具红褐色的条纹，壳口呈具红色调的白色；螺层数 7.625 ~ 7.875，螺层凸出，无螺旋向细沟；胚螺后螺层平滑；体螺层朝壳口方向逐渐上升，周缘圆整；壳口平截卵圆形，倾斜，完全贴合于体螺层，无齿，角结节缺如；壳口缘增厚，不扩张，除轴唇区外不反折；胼胝部不明显；壳口反折于轴唇缘；脐孔狭缝状；壳高 14 ~ 14.5 mm，壳径 6.1 ~ 6.5 mm。

● 分布：新疆天山地区。国外分布于费尔干地区。

③ 宏口杂斑螺 *Subzebrinus macrostoma*

贝壳尖卵圆形；壳顶略尖出；右旋；不透明或半透明，有光泽；壳绿栗色具白色的轴向条纹，壳口污白色，带点儿褐色调子；螺层数 6.75 ~ 7，螺层凸出，在脐孔区域其螺旋向细沟，生长线通常不十分清晰；体螺层朝壳口方向逐渐上升；壳口面平，平截卵圆形，与螺层接合处不联生，倾斜，完全贴合于体螺层，无齿，角结节不甚明显；壳口缘锋利，扩张，反折且具明显的卷边；胼胝部不明显；壳口反折于轴唇缘；轴柱弓形；脐孔很狭窄；壳高 19.2 ~ 20.7 mm，壳径 9.1 ~ 9.8 mm。

● 分布：甘肃南部。

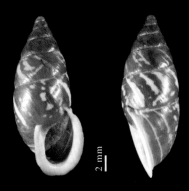

① 环绕杂斑螺 *Subzebrinus erraticus*

贝壳尖卵圆形，壳顶略尖出；左旋；不透明，有光泽；褐白色，具有多少等距排列的轴向褐色条纹，壳口呈具红色调的白色；螺层数 8.125 ~ 9.75，螺层扁平，无凹陷瘢痕，具微弱但排列密集的螺旋向细沟；胚螺层平滑，无光泽；体螺层向壳口方向略逐渐上升，周缘圆整；壳口卵圆形，略倾斜，具角结节；壳口缘增厚，扩张，反折但不形成明显的卷边；脐孔狭窄；壳高 15.7 ~ 19.8 mm，壳径 6.1 ~ 7.3 mm。

● 分布：四川西北部。

② 具腹杂斑螺 *Subzebrinus ventricosulus*

贝壳纺锤形或长卵圆形；壳顶不尖出；右旋；不透明，有光泽；贝壳绿褐色，具近白色的条纹，壳口白色；螺层数 7 ~ 7.825，螺层凸出，具螺旋向细沟，生长线通常不十分清晰；胚螺后螺层平滑；体螺层向壳口方向平直延伸，或向壳口逐渐上升，周缘圆整；壳口面平，平截卵圆形，壳口接合处不联生，倾斜，完全贴合于体螺层，无齿，具角结节；壳口缘锋利，扩张，反折且具明显的卷边；卷边朝离壳口的方向翻折；胼胝部多少明显；轴柱垂直，脐孔宽阔；壳高 10.9 ~ 13 mm，壳径 4.6 ~ 5.6 mm。

● 分布：广东。

③ 库氏杂斑螺 *Subzebrinus kuschakewitzi*

贝壳柱圆锥形；壳顶不尖出；右旋；不透明，有强烈光泽；壳浅褐色，第 1，2 螺层后的部分具等间距分布的白色宽条纹，壳口白色；螺层数 7.75 ~ 7.875，螺层略凸出，尤其在最后两层具凹陷瘢痕，无螺旋向细沟；胚螺后螺层平滑；体螺层向壳口方向略逐渐上升，周缘圆整；壳口平截卵圆形，壳口与螺层接合处联生，倾斜，完全贴合于体螺层，无齿，角结节有但不明显；壳口缘锋利，扩张，反折但卷边很窄；胼胝部明显；脐孔狭窄；壳高 13.1 ~ 13.5 mm，壳径 5.5 ~ 5.8 mm。

● 分布：新疆。国外分布于费尔干地区。

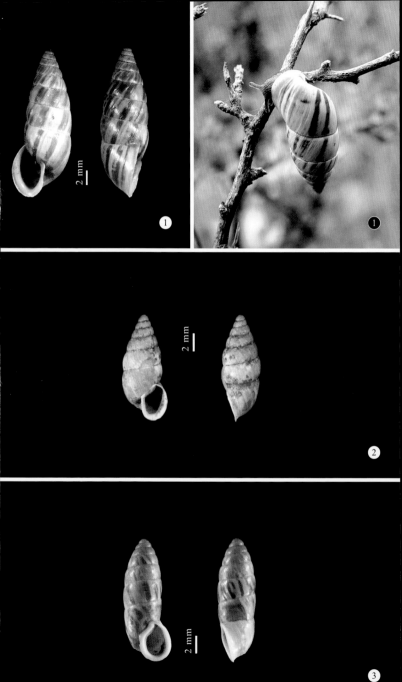

① 棉杂斑螺 *Subzebrinus gossipinus*

贝壳高圆锥状；壳顶不尖出；右旋；不透明，无光泽；贝壳均匀白色；螺层数 7.375 ～ 7.875，螺层凸出，密布螺旋向细沟（尤其在脐孔区域）；胚螺层平滑，无光泽；胚螺后螺层平滑，体螺层向壳口方向平直延伸，或在壳口后立刻上升，周缘圆整；壳口卵圆形，壳口与螺层接合处不联生，倾斜，无齿样构造，角结节缺如；壳口缘锋利，略扩张，略反折但不形成明显的卷边，胖胝部不明显；脐孔狭缝状；壳高 16.7 ～ 20.5 mm，壳径 6.7 ～ 7.8 mm。

● 分布：重庆。

② 脐杂斑螺 *Subzebrinus umbilicaris*

贝壳长卵圆形；壳顶不尖出；左旋；不透明，具光泽；壳角褐色，壳顶以下具宽的白色条纹，壳口呈夹褐色调的白色；螺层数 8.625 ～ 8.875，螺层十分扁平，具凹陷瘢痕（尤见于体螺层），具不均匀分布的微弱螺旋向细沟，生长线通常不十分清晰；胚螺后螺层具颗粒，在脐孔区域颗粒尤其明显和密集；体螺层向壳口方向略逐渐上升，周缘圆整；壳口面波状，平截卵圆形，壳口与螺层接合处不联生，倾斜，完全贴合于体螺层，无齿，角结节明显；壳口缘锋利，稍扩张，略反折但不形成明显的卷边，胖胝部不明显；轴唇缘略反折，轴柱垂直；脐孔狭窄；壳高 14.9 ～ 17 mm，壳径 6.2 ～ 7.2 mm。

● 分布：四川。

③ 三色杂斑螺 *Subzebrinus tigricolor*

贝壳卵圆锥形；壳顶微弱地尖出；右旋；不透明，有光泽；壳棕色，具白条纹，条纹在体螺层上更密集；螺层数 5.5 ～ 6.25，螺层凸出，略具凹陷瘢痕，无螺旋向细沟；胚螺后螺层平滑；体螺层朝壳口方向逐渐上升，周缘圆整；壳口卵圆形，壳口与螺层接合处不联生，略倾斜，无齿，具角结节；壳口缘锋利，扩张，反折但不形成明显的卷边；胖胝部不明显；壳口反折于轴唇缘；脐孔狭缝状；壳高 8.7 ～ 8.9 mm，壳径 4.6 ～ 6 mm。

● 分布：云南。

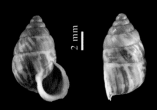

① **石鸡杂斑螺** *Subzebrinus schypaensis*

贝壳近长圆锥形；壳顶不尖出；右旋；半透明至不透明，具光泽；壳浅褐色；最先 4 个螺层后具条纹，壳顶具不同的色调；螺层数 7.75，螺层扁平，壳顶下部具凹陷瘢痕，无螺旋向细沟，生长线通常不十分清晰；体螺层朝壳口方向平直，周缘圆整；壳口面平，平截卵圆形，壳口极倾斜，无齿，具角结节；壳口缘锋利，扩张，反折且具明显的卷边，卷边平直；胼胝部不明显；壳口反折于轴唇缘；轴柱弓形；脐孔狭窄；壳高 18.3 mm，壳径 7.2 mm。

● 分布：甘肃南部。

② **瘦瓶杂斑螺** *Subzebrinus macroceramiformis*

贝壳长卵圆形；壳顶不尖出；右旋；不透明，有光泽；壳黄褐色，具细或粗的白色条纹，壳口发白；螺层数 7.25 ~ 7.75，螺层凸出，具凹陷瘢痕，螺旋向细沟微弱，生长线精细而清晰；胚螺层后螺层似由生长线断裂而成的明显圆形小瘤；体螺层末端通常向壳口逐渐上升，周缘圆整；壳口面平，呈具圆角的三角形或四边形状，略倾斜，完全贴合于体螺层，无齿，角结节缺如；壳口缘锋利，扩张，反折但不形成明显的卷边；壳口反折于轴唇缘；轴柱弓形；脐孔宽阔；壳高 11.7 ~ 13.3 mm，壳径 5.1 ~ 5.5 mm。

● 分布：四川西部。

③ **纹杂斑螺** *Subzebrinus substrigatus*

贝壳长卵圆形；壳顶不尖出；右旋；不透明，具光泽；贝壳均匀角褐色，且具很细弱的浅色条纹，或呈绿褐色，壳口白色；螺层数 6.75 ~ 7，螺层几乎扁平，螺旋向细沟微弱，生长线通常不十分清晰；胚螺层后螺层平滑。体螺层在壳口后立即上抬，周缘圆整；壳口面平，平截卵圆形，壳口与螺层接合处不联生，倾斜，完全贴合于体螺层；无齿，角结节明显或不明显；壳口缘锋利，扩张，反折但不形成明显的卷边，胼胝部不明显；壳口反折于轴唇缘；轴柱弓形；脐孔狭窄；壳高 15.7 ~ 18.5 mm，壳径 6.3 ~ 7.8 mm。

● 分布：四川。

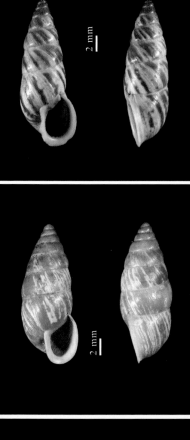

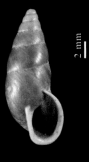

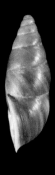

① 长口杂斑螺 *Subzebrinus dolichostoma*

贝壳长圆锥形；壳顶不尖出；右旋；不透明，有光泽；螺层上部着色如贝壳其余部分；螺层数 7.25 ~ 7.625，螺层扁平，无螺旋向细沟，生长线通常不十分清晰；胚螺层平滑，光亮；体螺层向壳口逐渐上升，或在壳口后立刻上升，周缘圆整；壳口平截卵圆形，略倾斜，无齿，角结节明显或不明显；壳口缘增厚，扩张，反折但不形成明显的卷边；壳口反折于轴唇缘；脐孔狭窄；壳高 21.9 ~ 23.6 mm，壳径 8.2 ~ 8.7 mm。

● 分布：甘肃南部。

② 紫红杂斑螺 *Subzebrinus fuchsianus*

贝壳长卵圆形；壳顶不尖出；右旋；不透明，具光泽；贝壳褐黄色，具白黄色条纹；螺层数 6.875 ~ 7.75，螺层略凸起，具凹陷瘢痕，明显或不明显地均匀密布着螺旋向细沟，生长线精细而清晰；胚螺后螺层光滑，或具颗粒；体螺层向壳口方向平直或逐渐上升地延长，周缘圆整；壳口近位于同一平面，平截卵圆形，壳口与螺层接合处不联生，倾斜，无齿，具角结节；壳口缘锋利，扩张，反折但不形成明显的卷边；胼胝部不明显；壳口反折于轴唇缘；轴柱向轴倾斜；脐孔狭窄；壳高 13.2 ~ 18.1 mm，壳径 5.6 ~ 7.7 mm。

● 分布：四川、湖北、湖南、广东等地。

③ 克氏图灵螺 *Turanena kreitneri*

贝壳圆锥形；壳顶不尖出；右旋；不透明，有光泽；贝壳褐色，具众多白色条纹，壳口白色；螺层数 4.625 ~ 5.625，螺层凸出，无螺旋向细沟。胚螺后螺层具弱的肋，生长线精细而清晰；体螺层朝壳口方向逐渐上升，周缘圆整；壳口面平，近圆形，壳口与螺层接合处不联生，垂直，完全贴合于体螺层，无齿样构造，具角结节；壳口缘增厚，扩张，反折但不形成明显的卷边；胼胝部不明显；轴唇缘略反折；轴柱斜；脐孔宽阔；壳顶具不同的色调；贝壳螺旋向无色带。壳高 6.4 ~ 7.3 mm，壳径 5 ~ 6.3 mm。

● 分布：四川北部。

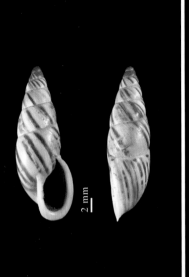

① **伊犁图灵螺** *Turanena kuldshana*

贝壳卵圆锥形；壳顶不尖出；右旋；不透明或半透明，有光泽；贝壳褐黄色，近壳口处及壳口白色；螺层数 5.25～5.5，螺层凸出，无或具微弱的螺旋向细沟，生长线精细而清晰；胚螺后螺层平滑；大多数情况体螺层朝壳口方向平直，少数逐渐上抬，周缘圆整；壳口面波状，近圆形，壳口与螺层接合处不联生，倾斜，完全贴合于体螺层，无齿，角结节缺如；壳口缘增厚，扩张极弱，反折但不形成明显的卷边；胼胝部不明显；壳口反折于轴唇缘；壳柱垂直；脐孔狭窄；壳高 8.9～9.5 mm，壳径 6 mm。

● 分布：新疆天山地区。

② **稚锥图灵螺** *Turanena microconus*

贝壳圆锥形；右旋；不透明，有光泽；栗色，壳顶以后具纤细白色条纹或具轴向白色增厚质；壳口与贝壳同色或带褐色的白色；螺层数 5.875，螺层凸出，无螺旋向细沟，生长线通常不十分清晰；体螺层朝壳口方向逐渐上升，周缘圆整；壳口面平，近圆形；壳口倾斜，完全贴合于体螺层，无齿样构造，具角结节；壳口缘扩张，反折，有或无明显的平直卷边；壳口反折于轴唇缘；轴柱垂直；脐孔宽阔；壳高 6.1 mm，壳径 3.2 mm。

● 分布：甘肃南部。

烟管螺科 Clausiliidae

③ **皮氏深褶螺** *Bathyptychia beresowskii*

贝壳棒—纺锤形；左旋；深棕褐色；螺层数 12.5，螺层略凸出，具整齐的肋状纹；体螺层最膨大；上板相当小，主襞褶长，具 4～5 条短的腭褶；壳高 14.5 mm，壳径 3 mm。

● 分布：四川。

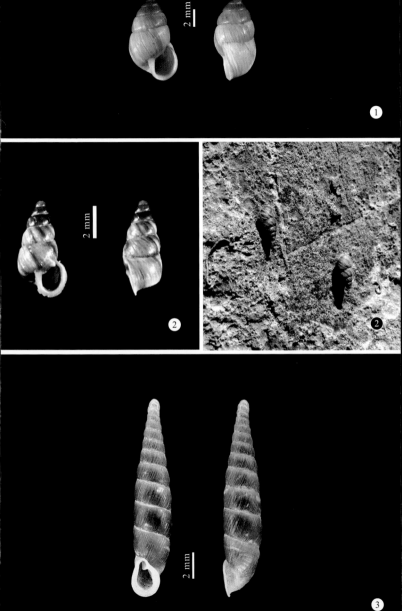

①棘刺真管螺 *Euphaedusa spinula*

贝壳纺锤形；左旋；透明，偏红的黄色；螺层数 10；螺层凸出，生长线细密；体螺层最膨大；上板小，下轴板薄，螺旋板较长；主襞褶中等大小，月状襞与第二腭褶愈合；壳高 13.5 ~ 14.9 mm，壳径 2.5 ~ 3.5 mm。

● 分布：贵州、四川、重庆、湖北和安徽等地。

②路南真管螺 *Euphaedusa lunanensis*

贝壳棒状—纺锤形；左旋；黄褐色或红褐色；螺层数 12.5 ~ 13.5，螺层较突出；壳口与体螺层分离；从壳口处可见上板和下板，余不可见；螺旋板发达，终止于上板上，在口缘已不明显；下轴板终止于下板下方；在体螺层可见 1 细长的主襞褶和弯曲的月状襞；壳高 16.3 ~ 16.9 mm，壳径 3 ~ 3.2 mm。

● 分布：云南。

③平纹真管螺 *Euphaedusa planostriata*

贝壳纺锤形；左旋；黄褐色；螺层数 9.5 ~ 10.5，螺层凸出，最后 3 个螺层几乎同样膨大；从壳口可见较大的上、下板，两板间距近，上板与下板中部愈合，上板上部消失；下板在壳口处明显变大；下轴板到达壳口处恰好与月状襞闭板前端相对应；下轴板粗大；在体螺层上可见 1 条较长的主襞褶、1 条短的平行襞和月状襞；壳高 12.6 ~ 15.5 mm，壳径 2 ~ 3.2 mm。

● 分布：安徽和江西。

④似真管螺 *Euphaedusa filippina*

贝壳棒状—纺锤形；左旋；壳质薄，有光泽，黄褐色；螺层数 13，生长线细密规则；次体螺层最膨大；上板与螺旋板较长，相连；下轴板达口缘；上腭褶短，第二腭褶短；壳高 27 ~ 37.9 mm，壳径 4 ~ 6.5 mm。

● 分布：湖北西部。

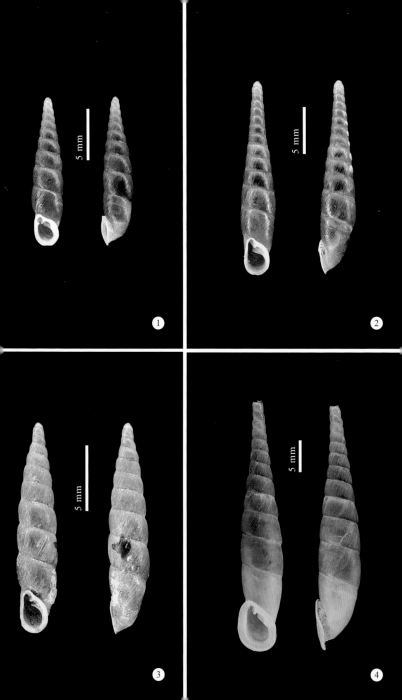

① **史氏斜管螺** *Grandinenia schomburgi*

贝壳中粗的纺锤形；左旋；坚固；角黄色，缝合线下具螺旋向紫红色条带；壳顶断失。螺层数 6，螺层上具斜向小肋；壳口圆形，巨大，垂直；壳高（壳顶断失）33 ~ 41 mm，壳径 9.5 mm，壳口高 10 mm。

● 分布：海南。

② **微小拟管螺** *Hemiphaedusa minuta*

贝壳纺锤形；左旋；棕褐色；螺层数 9，螺层较突出，次体螺层最膨大；口缘厚，有 2 个皱褶；在下轴板处具 2 个褶皱；上板形成边缘，锋利；螺旋板压缩于一处，向后延伸至螺轴处；下板形成弱褶，在内缘有一细褶，下轴板通过一褶分隔开；在体螺层腭壁有 1/2 体螺层宽度的主襞褶、短腭褶和弓状的月状襞；壳高 8.7 mm，壳径 2.4 mm。

● 分布：湖北、贵州、广西和福建。

③ **资源拟管螺** *Hemiphaedusa ziyuanensis*

贝壳细纺锤形；左旋；琥珀色，有光泽；螺层数 8.5 ~ 9.5，螺层凸出；壳口缘与体螺层分离；从壳口可见上、下板，不可见下轴板；螺旋部与闭板柄部着生的位置大致相当；上板进入壳顶即中断，与螺旋板融合，下板发达，下轴板在下板下方并盖住后者；壳高 11 ~ 12.5 mm，壳径 2.5 ~ 2.8 mm。

● 分布：广西。

④ **白氏卵旋螺** *Oospira bensoni*

贝壳纺锤形；左旋；壳质厚；黑褐色或红褐色，有光泽；螺层数 11.5；次体螺层最膨大；从壳口仅见上板；在体螺层可见主襞褶；上、下板和下轴板在口缘上方愈合；螺旋板在下板下方，在口缘右边会合，自壳口略可见；壳高 16.3 ~ 21.2 mm，壳径 4.5 ~ 5 mm。

● 分布：湖北和重庆。

① **大青卵旋螺** *Oospira magnaciana*

贝壳纺锤形；左旋；壳质厚；深棕褐色，有光泽；螺层数 10 ~ 10.5；次体螺层最膨大；生长线细密、清晰；从壳口可见上板与较小的下板；下轴板与上板末端愈合，在壳口处不可见；上、下板在壳口相距远；在体螺层可见 1 条较长的主襞褶和 5 条腭褶；壳高 23 ~ 26.7 mm，壳径 5.9 ~ 6.3 mm。

● 分布：四川。

② **缙云卵旋螺** *Oospira jinyungensis*

贝壳纺锤形；左旋；红褐色，有光泽；螺层数 13.5，螺层凸出；次体螺层最膨大；上板较小，直达口缘上方；在壳口处可见细小的下轴板，其末端与下板在下方会合；下板较粗大，在壳口可见；螺旋板在下板之间，细小；闭板卵圆形，其末端无缺口；壳高 30.5 ~ 33.9 mm，壳径 6 ~ 6.1 mm。

● 分布：重庆。

③ **叶状卵旋螺** *Oospira phyllostoma*

贝壳纺锤形；左旋；棕褐色，有光泽；螺层数 11.5；螺层略凸，生长线细；最后两层最膨大；下轴板顶达口缘，与下板远端不相连；上板紧贴于体螺层，并与胼胝部愈合；体螺层可见 1 条较长并与缝合线平行的主襞褶，月状襞短；闭板舌状，柄细长；壳高 31.4 ~ 33.4 mm，壳径 6.7 ~ 7.2 mm。

● 分布：重庆和湖北。

④ **包氏管螺勐仑亚种** *Phaedusa bocki menglunanensis*

贝壳长纺锤形；左旋；茶褐色至黄褐色；螺层数 11.5，螺层略凸出；次体螺层最膨大；从壳口处可见上板和发达的下板，在下板下方，口缘右侧具一肋状突起；上板在壳口处较大，进入壳后逐渐变细，并与螺旋板汇合；壳高 20.6 ~ 24.5 mm，壳径 4.2 ~ 4.6 mm。

● 分布：云南。

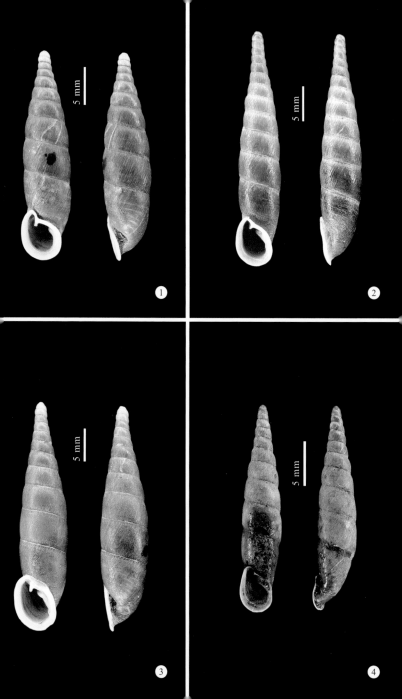

① **假白氏管螺** *Phaedusa pseudobensoni*

贝壳粗纺锤形；左旋；深褐色，有光泽；螺层数 9.5，螺层凸出，次体螺层最膨大；从壳口可见上、下板；下轴板发达，终止于下板下方；上板进入壳颈部中断，与螺旋板相接、变细，其位置较低；螺旋板发达，但在壳颈部即终止；在体螺层壁上可见与缝合线接近的主襞褶及其下方的平行襞、月状襞及下轴板襞；壳高 12.5 ~ 14 mm，壳径 3.1 ~ 3.7 mm。

● 分布：四川西北部。

② **似琴管螺** *Phaedusa lypra*

贝壳短纺锤形；左旋；褐色；螺层数 8.5，螺层凸，末 2 螺层几乎同样膨大；在壳口可见下板和上板；上板较小；上、下板和下轴板在壳口处愈合成一板状；下轴板在上、下板上方，螺旋板在上板左下方，止于壳口内；体螺层可见长主襞褶、平行襞褶和月状襞；壳高 17 ~ 19.4 mm，壳径 4.3 ~ 4.8 mm。

● 分布：四川和广西。

③ **碎管螺平果亚种** *Phaedusa elisabethae pingguonensis*

贝壳纺锤形；左旋；黄褐色；螺层数 9.5，螺层凸出，最后 2 螺层几乎同样膨大；从壳口仅见上板和下板；体螺层可见主襞褶、月状襞及下方 2 枚片状襞；壳高 24.5 ~ 25.2 mm，壳径 4.7 ~ 5.5 mm。卵胎生种类。

● 分布：广西。

④ **康定密管螺** *Serriphaedusa kangdingensis*

贝壳长塔形；左旋；深黄茶褐色；螺层数约 13，螺层较平坦，最后 4 个螺层几乎同样膨大；在壳口仅见上板，上板达口缘上边；螺旋板退化，仅留痕迹；下板与上板、下轴板愈合为胼胝；体螺层可见主襞褶和月状襞；壳高 25.7 ~ 27.4 mm，壳径 4.1 ~ 5.1 mm。

● 分布：四川西部。

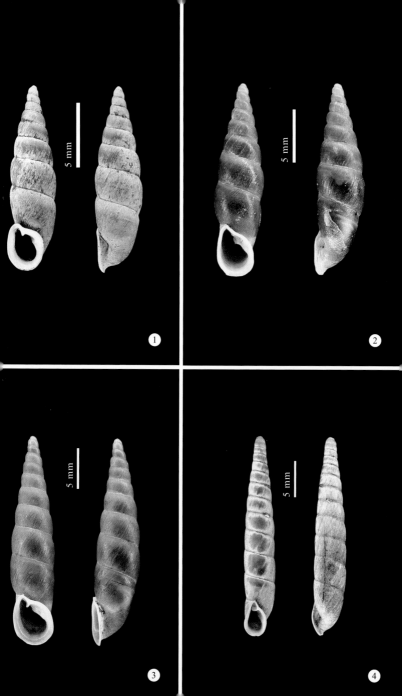

❶ 巴东瘤管螺大庸亚种 *Synprosphyma franciscana dayongensis*

贝壳粗粒纺锤形；左旋；黄褐色；螺层数约 8.5，螺层凸出，体螺层最膨大，近脐处和反口面距粗肋状褶皱；在壳口可见较大的上、下板，两板距离较远；在壳壁上与闭板相对处有 1 粗肋；闭板不宽大，桨叶细长，汤匙状，无刻缺，柄细长；壳高 26 ～ 28 mm，壳径 6.2 ～ 6.6 mm。

● 分布：湖南。

❷ 西昌瘤管螺 *Synprosphyma xichangensis*

贝壳膨大的纺锤形；左旋；壳质厚；淡褐黄色；螺层数约 8.5，最后 2 个螺层约同样膨大；从壳口可见上、下板和褶皱状的下轴板，上、下板间距较大、平行旋转；闭板在下轴板和下板之间；下轴板较小；螺旋板末端达右侧壳口缘；闭板狭窄，舌形；柄部细；壳高 34.9 ～ 38.2 mm，壳径 9.7 ～ 10.5 mm。

● 分布：四川。

玛瑙螺科 Achatinidae

❸ 褐云玛瑙螺 *Achatina fulica*

贝壳长卵圆形；左旋或右旋；深黄色或黄色，具褐色白色相杂的条纹；脐孔被轴唇封闭；壳口长扇形；口缘不反折；壳内浅蓝色。螺层数 6.5 ～ 8，软体部分深褐色或牙黄色，黏液无色；贝壳高可达 200 mm 左右，壳径可达 96 mm。喜栖息于植被丰富、潮湿以及多腐殖质之处。6—9 月最活跃，晨昏或夜间活动。食性杂而食量大，幼螺多为腐食性。生长迅速，5 个月即可性成熟。繁殖力强，一次产卵达 100 ～ 400 枚。寿命 5 ～ 7 年。抗逆性强，遇到不适环境时，很快进入休眠状态，在这种状态下可生存几年。

● 分布：原产非洲东部沿岸坦桑尼亚的桑给巴尔、奔巴岛、马达加斯加岛一带。目前已入侵到我国广东、广西、海南、香港、福建、台湾、云南等地。

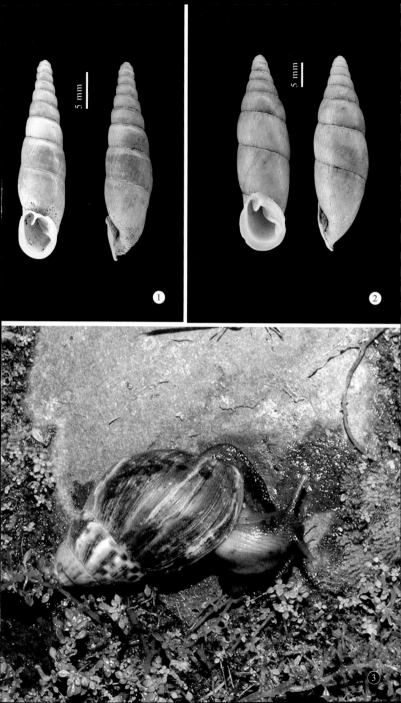

钻头螺科 Subulinidae

① 福氏钻螺 *Opeas fauveliana*

贝壳塔锥形；右旋；螺旋部尖；螺层数 7，螺层平，规则增长；缝合线略凹；壳口方；轴柱缘扩张；壳高 9 mm，壳径 2 mm。

● 分布：湖南和湖北。

② 甘南钻螺 *Opeas amdoanum*

贝壳塔状；右旋；螺旋部长；生长线细密；浅干草色；螺层数 12.5，螺层平坦；缝合线边缘具小圆齿，略具角；壳口狭卵圆形；口缘不扩张，锋利，在轴柱缘反折并几乎遮盖脐孔；壳高 11.5 mm，壳径 2.1 mm。

● 分布：甘肃南部。

③ 柑卷轴螺 *Tortaxis mandarinus*

贝壳无脐孔，塔锥形，右旋；光滑而具光泽，浅黄蜡色；螺旋部长，壳顶钝；螺层数 8；体螺层周缘圆整，其他螺层略凸出；体螺层高度约占壳高的 1/4；底部圆；轴柱具胼胝，扭曲；壳口倾斜，椭圆至卵圆形；口缘简单，不膨大；右缘在上方弓出；壳高 23 mm，壳径 6 mm；壳口高 6 mm，宽 3.5 mm。

● 分布：广东、香港等地。

④ 断顶刍螺 *Rumina decollata*

贝壳圆柱或渐细的圆柱形，由螺旋样突起封闭壳顶；薄而坚固；有光泽；灰肉色或灰白色，幼螺浅棕色；成体保留的螺层数 4～6，螺层微凸起；壳口卵圆形；口缘简单，内部多少增厚；轴柱垂直，上部翻折并几乎掩盖小的脐孔；壳高 30 mm，壳径 11～12 mm。

● 分布：陕西、江苏和上海。外来入侵物种。

扭轴蜗牛科 Streptaxidae

❶ 西方单齿螺 *Haploptychius occidentalis*

贝壳扁卵圆形；右旋；壳顶略膨大；透明玻璃样；螺层数6；壳口倾斜，大型腔壁齿1枚；脐孔基部狭长，深；壳高13 mm，壳径9 mm。

● 分布：四川、湖北。

❷ 约氏单齿螺 *Haploptychius juedelli*

贝壳扁长球形；右旋；大而薄；螺层5个，很少凸起；最初3个螺层光滑，其余螺层具清晰的轴向纹；壳口截卵圆形；外口缘强烈反折；胼胝部薄，仅具1枚齿；脐孔阔而深；壳高 10.4 mm，壳径 10.5 mm。

● 分布：海南。

❸ 肖氏齿口蜗牛 *Odontartemon schomburgi*

贝壳扁球形；右旋；螺层数6，前2.5层光滑，其后螺层具纤细或粗壮的生长线；壳口三角形，极倾斜；腔壁片状齿极粗壮；腭壁齿4枚：上方3枚粗大，下方接近轴柱的1枚很弱；脐孔深；壳高6.2 mm，壳径7 mm。

● 分布：海南。

① **双色胡氏螺** *Huttonella bicolor*

贝壳长卵形，右旋；半透明，极富光泽，具狭缝状脐孔；螺层数 7 ~ 8，螺层凸出；缝合线上有等间隔的刻痕。壳口具 4 齿：1 枚腭壁齿，1 枚锥形的腔壁齿，1 枚基唇小齿和 1 枚位于壳口内较深处的舌状轴柱皱襞；软体部分橘红色；壳高 6 ~ 8 mm，壳径 4.5 ~ 5 mm。捕食性，常以蜗牛卵为食。

● 分布：国内分布于广东、澳门、香港、海南、重庆等地。国外分布于印度、缅甸、越南等地。

圈螺科 Plectopylidae

② **褐色圈螺** *Plectopylis murata*

贝壳扁盘状；右旋；周缘的上部密布螺旋向细沟和生长线，下部透明；褐色；螺层数 5.5；周缘呈钝角并着生，几乎与着生螺层等宽的角毛；腭壁具 4 平行短齿，及上下方各 1 小齿；腔壁具 1 个轴向的粗大片状齿，及壳口侧的 5 枚小齿；壳高 6 mm，壳径 10 mm。

● 分布：四川和湖北。

③ **双板圈螺** *Plectopylis biforis*

贝壳扁盘状；右旋；周缘上部粗糙而不透明，下部透明；褐色；螺层数 6.5，具螺旋细沟和生长线；体螺层下降；周缘角，具鳞毛；腔壁具 2 枚垂直片状齿，其上、下方各具 1 枚螺旋向片状齿；腭壁具 4 大齿及 1 近脐小齿；壳径 15 mm。

● 分布：广东等地。

① **枕圈螺** *Plectopylis pulvinaris pulvinaris*

贝壳具斜纹；右旋；黄褐色；螺旋部扁平或略凹陷；螺层数 6.5，螺层凸出；体螺层周缘呈钝的两角样；壳口倾斜，圆角新月状；壳口缘扩大；壳口具 9 齿；脐孔宽阔；壳高 6 mm，壳径 15 ~ 18 mm。

● 分布：广东、海南、香港和澳门。

轮状螺科 Trochomorphidae

② **哈氏轮状螺** *Trochomorpha haenseli*

贝壳扁锥状，周缘龙骨形；右旋；具光泽，暗橄榄色；壳顶精细；螺层数 6.5；增长缓慢，光滑，隆起，近缝合线处扁平，具肋样条纹；次体螺层较窄，体螺层不下降；壳口略倾斜，呈不规则的菱形；脐孔略阔，约为壳径的 1/4；壳高 5 ~ 5.25 mm，壳径 12.5 ~ 13.5 mm。

● 分布：台湾、海南等地。

勇蜗科 Helicarionidae

③ **皇勇蜗** *Helicarion imperator*

贝壳向一侧膨大；右旋；脆弱；绿棕色；螺层数多于 3，螺层具长线和螺旋向沟；轴柱缘不增厚；壳高 19 mm，壳径 38.1 mm。

● 分布：香港、广东等地。

① **川勇蜗** *Helicarion setchuanensis*

贝壳卵圆盘形，右旋；螺旋部略膨大；玻璃样；螺层数4；壳口椭圆形，倾斜；脐孔狭窄；壳高 14 mm，壳径 21 mm。

● 分布：重庆。

② **汶纳螺** *Rahula chengweiensis*

贝壳扁圆锥形；右旋；螺层数4.5；体螺层周缘圆，无螺旋向细沟；胚螺层开始的半圈光滑，之后具规则的精细条纹；螺层具均匀细肋；壳口半月形，微斜；在轴柱接入处及边缘扩大；脐孔极窄；壳高2.1 mm，壳径3.25 mm。

● 分布：四川西北部。

拟阿勇蛞蝓科 Ariophantidae

③ **线肋半卷螺** *Hemiplecta filicostata*

贝壳扁球形；右旋；轴向具细线纹，螺旋向具凹纹；螺旋部褐色，底部灰黄色；螺层数6；体螺层不下降；周缘圆钝；壳口圆月形；极倾斜；壳口缘直；轴柱边缘略弯曲，上部扩大；脐孔窄；壳高15 mm，壳径24 mm。

● 分布：海南。

① 戴氏巨楯蛞蝓 *Macrochlamys davidi*

贝壳浅红褐色，右旋；螺层数 4；螺层迅速增长，其上放射向纹细弱；脐孔极狭窄；壳高 6 mm，壳径 10 mm。

● 分布：西藏东部、四川和北京等地。

② 裙状巨楯蛞蝓 *Macrochlamys cincta*

贝壳扁球形；右旋；纤细的生长线与螺旋纹相织，极具光泽；角黄色，贝壳底部灰色；具 6.5 个缓慢增长的螺层；体螺层不下降；壳口半月形；接近垂直；口缘直而锋利；轴唇朝脐孔呈三角形反折；脐孔狭窄；壳高 11.5 mm，壳径 22 mm。

● 分布：海南。

③ 迟缓巨楯蛞蝓 *Macrochlamys segnis*

贝壳扁，略呈盘状；右旋；黄色，极富光泽；螺层数 5.5，螺层略凸，增长缓慢；体螺层周缘圆整；除缝合线下和近脐孔处外生长线不明显；螺旋部微凸，约占壳径的 2/3；壳口新月形；轴柱边缘在接入处微扩；脐孔狭窄；壳高 6 mm，壳径 12.8 mm。

● 分布：四川西北部。

④ 橄榄巨楯蛞蝓 *Macrochlamys dolani*

贝壳扁，右旋，薄；绿棕色，有光泽（尤其在底部）；螺层数 4.5，螺旋部很低；壳径为螺旋部宽的 2.4 倍；生长线不明显；上表面螺旋向细沟密集，而在底部不明显；壳口大；口缘薄，在轴柱处略反折，并部分遮盖脐孔；壳高 9.6 mm，壳径 19.3 mm。

● 分布：四川西北部。

① 川褶勇螺 *Parmarion setchuanensis*

蛞蝓状，具尾腺，由外套开口处可见贝壳：两侧及背中部各有 1 条纵带，后者不见于外套；贝壳约占体长的 1/4。

● 分布：重庆。

② 小婴岚螺 *Naninia infantilis*

贝壳右旋；透亮的白色，具栗色色带，极具光泽，辐射向条纹不明显；螺层数 5.5，脐孔狭窄；壳高 3.5 ~ 4 mm，壳径 7 mm。

● 分布：广西、湖北等地。国外分布于越南。

③ 巢壳岚螺 *Naninia cavicola*

贝壳陀螺形，右旋；乳白色，具光泽；螺旋部圆锥形；螺层数 7.5，螺层略鼓，其整齐排列的细肋；体螺层周缘略成角度；壳口垂直，狭月形；口缘在轴柱处扩大；脐孔狭窄；壳高 5 ~ 6 mm，壳径 5 ~ 5.5 mm。

● 分布：湖南。

蛞蝓科 Limacidae

④ 瓦伦西亚列蛞蝓 *Lehmannia valentiana*

外套膜不到体长 1/3，腹足面的 3 纵带均具平直的横沟；奶油色，黏液无色，体表具变化的棕色斑纹；外套膜两侧各具一纵向条纹，有时两纵向条纹间还有一些纵纹；外套膜后为同一色泽，但侧面有时具条纹或由色素点形成的网纹；收缩后长度约 46 mm。

● 分布：原产于欧洲的伊比利亚半岛和非洲西北部。在我国分布于北京、内蒙古、陕西、浙江、云南等地。

① **黄蛞蝓** *Limax flavus*

成体体长 45 ~ 120 mm，后端具不甚明显的背嵴；外套、背部和部分体侧覆有或深或浅的斑点；深色斑点为灰绿色、污白色或橙色，浅色斑点为橄榄色、米色或浅黄色，深色斑点不分布于腹足边缘；黏液水样，透明，黄色或橙色；交接器蠕虫状，盘曲后被囊膜包裹；输精管于上侧方进入交接器，交接器牵引肌也位于此处；交接器与生殖开口相连；纳精囊小卵圆形，与输卵管相接。

● 分布：黑龙江、北京、陕西、湖北、贵州、云南、上海。

野蛞蝓科 Agriolimacidae

② **阿尔泰樱蛞蝓** *Deroceras altaicum*

体污乳白色、灰色、黄褐色或微黑，或具深色点，黏液无色、水样；深色色素常集中出现在体后部皮肤沟纹中，隐约形成网状图案；直肠盲囊发达；生殖腺未达内脏团后末端。交接器腺小、外部光滑，指状或圆锥状，罕具侧枝；交接器内具纵向褶皱样的刺激器；纳精囊卵圆形，与纳精囊管间无明显界线；体长约 30 mm；为我国青藏高原东坡最常见的蛞蝓，最高分布于海拔 4 200 m 处。

● 分布：西藏、新疆、甘肃、陕西、四川、河北等地；国外分布于亚洲北部，包括俄罗斯堪察加半岛、萨哈林岛、千叶群岛、贝加尔湖附近至蒙古、天山西部等地。

③ **野樱蛞蝓** *Deroceras laeve*

体近筒形；几乎均匀的巧克力色至浅褐色；黏液无色、水样；保存后的标本呈灰色且外套具深色小点；外套后缘超过身体中点；无直肠盲囊；交接器完全退化至蠕虫状，如存在，则弯曲或扭曲，在牵引肌后的部分为长盲囊状突起；刺激器为锥形乳突；体长小于 22 mm；常见许多体形极小的成体。

● 分布：我国大部分省区。

高山蛞蝓科 Anadenidae

1 川高山蛞蝓 *Anadenus sechuenensis*

体呈棕橄榄色，背中部具暗色带，两侧具更深色带；外套后中部具较浅的菱形色块；输精管和成茎器约等长；交接器棒状，远端膨大，内具多褶的乳突；纳精囊管较交接器略长；保存后，体长 55 ~ 69 mm，外套长 28 ~ 35 mm，腹足最宽处 19 ~ 23 mm。

● 分布：四川西北部。

2 细高山蛞蝓 *Anadenus parvipenis*

体与腹足均为棕橄榄色；外套略深色，两侧具模糊的黑褐色点；体后背部具不规则分布的黑点；交接器小，棒状，内具舌状瓣；成茎器长度为交接器的 12 倍；保存后，体长 41 mm，外套长 23 mm，腹足最宽处 18 mm。

● 分布：四川。

1 扬子高山蛞蝓 *Anadenus yangtzeensis*

身体上部和腹足面均呈微微偏红的棕色；外套、背部及两侧具直径约 0.5 mm 的不规则黑点。成茎器和输精管细；交接器内具大型宽舌状结构；体长 63 ～ 68 mm，外套长 30 mm。栖息于海拔 3 500 ～ 4 000 m 的山地。

● 分布：四川南部和云南北部。

嗜黏液蛞蝓科 Philomycidae

2 双线嗜黏液蛞蝓 *Meghimatium bilineatum*

保存后体长 50 mm；外套与体等长；乳白色、棕色或红棕色的底色上具棕黑色的斑点，斑点多在中间和两侧形成 3 条深色条带；腹足乳白色；交接器蠕虫样，折叠或盘曲后约与卵球形的生殖前庭等长。

● 分布：北京、天津等北方省区及广大中、南部地区。

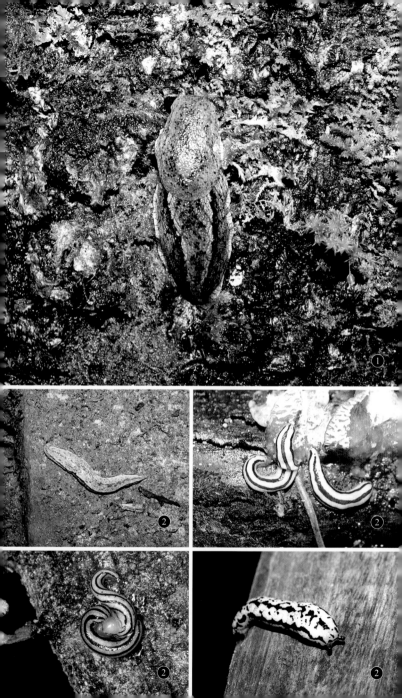

潮蜗牛科 Hygromiidae

❶ 特克斯影脐螺 *Angiomphalia takesensis*

贝壳扁球形；右旋；略有光泽，不透明，灰色，具黄褐色的条纹及斑点；螺层数 5.5 ～ 6.25，密布清晰的生长线和螺旋向细沟，具短鳞毛；胚螺层具放射纹；体螺层微向壳口下降，周缘略具角度；轴唇略掩脐孔；壳口阔月形，倾斜；交接器腺无，内具两大壁柱；成莢器乳突发达，黏液腺 3 簇，每簇 2 支腺管；脐孔窄；壳高 8.7 ～ 11.1 mm，壳径 14.4 ～ 17.5 mm。

● 分布：新疆。

❷ 伊犁影脐螺 *Angiomphalia guljaensis*

贝壳扁球形；右旋；富光泽，呈泛红的灰色；周缘上方具 1 条白色带；螺层数 5.75 ～ 6.38，螺层具规则分布的密纹；胚螺层具细密的颗粒；体螺层略下降，周缘略具角度；轴唇略掩脐孔；成螺角质层短毛易被磨损；壳口阔月形，略倾斜；下唇内部增厚；成莢器乳突发达，黏液腺 4 簇，每簇 2 支腺管；脐孔窄；壳高 11 ～ 12.8 mm，壳径 16.0 ～ 19.6 mm。栖息于草场与针叶林交界处

● 分布：新疆。

巴蜗牛科 Bradybaenidae

❸ 灰尖巴蜗牛 *Acusta ravida*

贝壳卵球形；右旋；黄褐色，无色带；螺层数 5.875 ～ 6.125，螺层凸出，螺旋向细沟密集；胚螺层光滑；体螺层周缘圆整；轴柱垂直；壳口不扩大，不反折；壳高 30 mm 以下，壳径 35 mm 以下。

● 分布：我国大部分省区。在我国中、北部为间歇性发生的害螺。

① **图尖巴蜗牛红粉缘亚种** *Acusta tourannensis rhodostoma*

贝壳球形；右旋；生长线密而清晰，具螺旋向凹纹，灰黄色，略透明；螺层数 5.5 ~ 6；体螺层底部膨大；壳口玫瑰红色或紫色；略扩大；壳口内部具色增厚；脐孔狭窄；壳高 15 ~ 19.6 mm，壳径 16.5 ~ 21.5 mm。

● 分布：海南。国外分布于印度、缅甸等地。

② **多毛环肋螺齿边亚种** *Aegista trichotropis laciniosula*

贝壳扁凸透镜形；右旋；浅角色或褐色；螺层数 6.5，螺层扁平；生长线被极细的螺旋向沟切割；体螺层周缘呈龙骨样，具发达鳞毛；壳底部鼓出；脐孔极扩大；口缘上部略扩大，下部反折；壳高 15 mm，壳径 30 mm。

● 分布：安徽和江西。

③ **多毛环肋螺皖南亚种** *Aegista trichotropis laciniata*

贝壳凸透镜状；右旋；壳质薄；浅角色或褐色；螺层数 6.5，螺层扁平；生长线着生轴向鳞，并与螺旋向细沟垂直交错；肩角位于周缘中部以上，具鳞毛；壳口上方微扩大，下方反折；脐孔阔；壳径 17 mm。

● 分布：皖南及附近地区。

④ **瘠弱环肋螺** *Aegista sterilis*

贝壳透镜形；右旋；有光泽；螺旋部平坦；螺层数 7，螺层平，规则增长；生长线不发达而密集；体螺层向壳口方向几不下降；周缘中上部具锐利的白色龙骨；壳口半椭圆形，反折；脐孔宽，呈锥形；壳高 10 mm，壳径 24 mm。

● 分布：湖北西部。

1 杰氏环肋螺 *Aegista gerlachi*

贝壳凸透镜状；右旋；褐色；螺层数6，螺层扁平，生长线具均匀分布的轴向着生的角质鳞片，有螺旋向浅细沟；体螺层具生长毛的龙骨；壳口略向壳口向下倾；口缘在下方微反折；壳底部凸；脐孔阔；壳径19～21 mm。

● 分布：湖南、广东和香港。

2 全蜜大脐蜗牛 *Aegista permellita*

贝壳扁锥形；右旋；黄褐色，周缘角具白色色带；螺层数7，螺层增长规则，生长线不甚明显；体螺层周缘具角；壳口月形，倾斜，壳口缘薄；脐孔阔；壳高9 mm，壳径13 mm。

● 分布：云南和四川。

3 扁亮大脐蜗牛 *Aegista platyomphala*

贝壳扁球形；右旋；壳质薄；半透明，角色，周缘上方具白色色带；螺层数7，螺层略凸出，生长线倾斜；体螺层在上部具不明显角；壳口缘白色，厚，反折；脐孔阔；壳径17.5 mm。

● 分布：广东。

4 蹑足大脐蜗牛 *Aegista herpestes*

贝壳扁球形；右旋；角褐色，周缘具模糊的污白色色带；螺层数7，生长线斜而密集；螺层增长缓慢；体螺层周缘角不明显；壳口缘白色，略反折；脐孔阔；壳高14 mm，壳径22 mm。

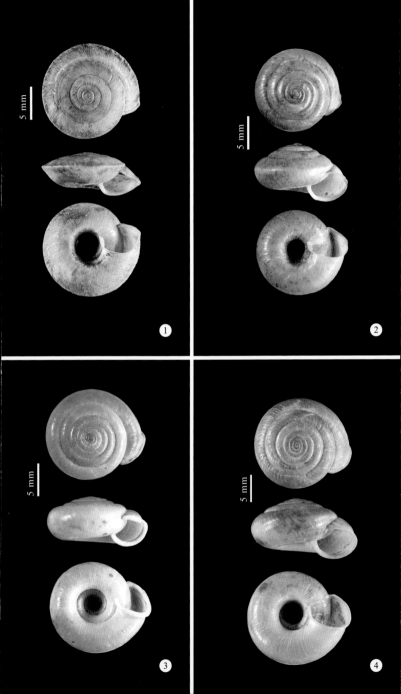

● 分布：四川和重庆等地。

① 马氏环肋螺 *Aegista mackensii*

贝壳凸透镜形；右旋；壳质薄；螺层数 6.5，上部生长线弓形、密集；螺层几乎不突出，增长缓慢；体螺层向壳口下倾短；周缘龙骨锋利，上生角质鳞毛；壳口缘薄，在上部略膨大、在下部稍反折；脐孔阔；壳径 30 mm。

● 分布：中国内陆和台湾地区。国外分布于韩国和日本的一些岛屿。

② 欧氏大脐蜗牛 中华亚种 *Aegista aubryana chinensis*

贝壳扁球形；右旋；上半部茶褐色，下半部污白色；半透明，具光泽；螺层数 8，螺层凸出，增长缓慢；壳口缘白色，略反折；脐孔阔；壳径 25 mm。

● 分布：长江流域的湖南、湖北、江西、安徽、江苏等地。

③ 蛇大脐蜗牛 *Aegista serpestes*

贝壳扁卵圆锥状；右旋；螺旋部钝；螺层数 7；缝合线深凹；表面丝状，生长线细密；体螺层不向壳口倾斜，其周缘圆整；壳口缘薄，反折；脐孔柱形阔；壳高 13 mm，壳径 18 mm。

● 分布：湖北西部。

④ 双睫环肋螺 *Aegista diploblepharis*

贝壳扁；薄；右旋；黄褐色；螺旋部低锥形；螺层数 6.5，螺层生长线明显，具可脱落的角质鳞毛；近周缘具 2 列长鳞毛；体螺层周缘中部以上具钝肩，几不向壳口下倾；壳口极倾斜，近圆形，略膨大；脐孔径为壳径的 2/7；壳高 7 mm，壳径 14.25 mm。

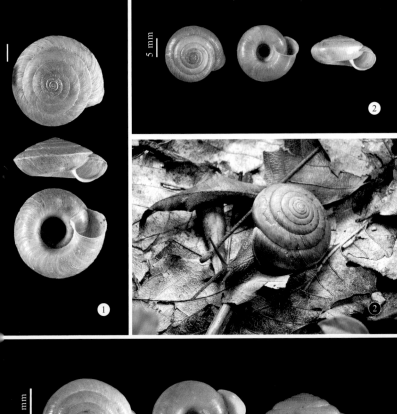

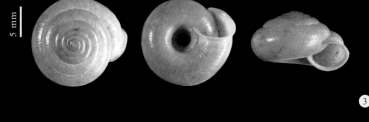

● 分布：甘肃南部。

① 谢氏大脐蜗牛老子亚种 *Aegista shermani lautsi*

贝壳低锥状；右旋；角黄色，龙骨白色；螺层数 6.5 ～ 7，螺层扁平，缝合线浅；生长线纤细，螺旋细沟密集；体螺层向壳口向下降短，体螺层龙骨位于周缘中部、锋利；壳口极倾斜；上部略反折、下部反折；轴柱缘近垂直；脐孔径约为壳径的 1/6；壳高 9 ～ 10.5 mm，壳径 16 ～ 22 mm。

● 分布：台湾南部。

② 眼大脐蜗牛 *Aegista oculus*

贝壳扁锥形；右旋；壳质薄，褐色；体螺层周缘具白色色带并延伸直缝合线上；螺旋部低圆锥形；螺层数 7 ～ 8，螺层略凸出，缝合线深凹；周缘略呈角度；体螺层向壳口下倾短；壳径 18 ～ 25 mm。

● 分布：我国东海的岛屿。在国外分布于日本冲绳。

③ 增大大脐蜗牛初原亚种 *Aegista accrescens initialis*

贝壳扁球形；右旋；壳质薄；角色或棕色，透明，周缘具白色色带；螺层数 6，螺层略凸出，增长缓慢；体螺层具钝角；口缘白色；脐孔径 7 mm；壳高 8 mm，壳径 12 mm。

● 分布：四川、湖南、安徽等地。

④ 德氏脐厚螺 *Aegistohadra delavayana*

贝壳扁球形；左旋；厚而坚实；黄棕色，不甚光泽，周缘上、下各有 1 条棕色色带；螺层数 4.875 ～ 5.375，胚螺层具辐射向褶皱；螺层突出；体螺层向壳口下降，周缘圆整；壳口圆形，倾斜；口缘均匀反折；交接器具指状交接器盲囊；成荚器具鞭状器；脐孔宽阔；壳高 16.4 ～ 21.3 mm，壳径 29.1 ～ 32.1 mm。

● 分布：云南和广西。

1 萨氏阿玛螺 *Armandiella sarelii*

贝壳卵圆形；右旋；角色；螺层数 4 ~ 4.5，螺层迅速膨大，体螺层在上下同等膨大，周缘圆整；壳口几不反折，轴缘反折后几乎遮盖脐孔；壳径 9 ~ 11.5 mm。

● 分布：四川和湖北。

2 短旋巴蜗牛 *Bradybaena brevispira*

贝壳扁球形；右旋；壳质薄；茶褐色，透明；螺旋部低；螺层数 5，螺层几乎扁平，缝合线深凹；体螺层不向壳口方向下降；龙骨突起锋利，出现于周缘一半以上；壳口新月形；外侧和基部的口缘略扩大，轴缘扩大而反折并半掩脐孔；脐孔狭窄；壳高 11 mm，壳径 17 mm。

● 分布：四川、重庆和湖北。

3 左旋巴蜗牛 *Bradybaena fortunei*

贝壳左旋；薄；有光泽；色白，通常具一栗色色带；螺层数 5.5，生长线细密，倾斜；体螺层膨大，向壳口方向很少下降；口缘白色，增厚而反折；脐孔狭窄；壳高 12 ~ 13 mm，壳径 16 ~ 21 mm。

● 分布：上海、浙江、湖南、江西和广东。

4 罕觅巴蜗牛 *Bradybaena uncopila*

贝壳左旋；黄色有栗色色带；螺旋向具浅沟；具斜向成行的短毛；螺层数 5，增长迅速；体螺层膨大，几乎不向壳口方向下降，周缘具钝角；缝合线深；壳口缘略厚、扩大；白色或红色；壳高 15 mm，壳径 21 mm。

● 分布：江苏、浙江等地。

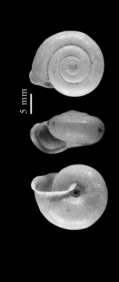

① 薄被巴蜗牛 *Bradybaena tenuitesta*

贝壳扁球形，左旋；略具皱褶样条纹；白色；周缘上部有 1 条紧贴缝合线上方的栗色色带；螺旋部低圆锥形；螺层数 5，略凸出；缝合线深；体螺层膨大，向壳口略下降；脐孔约为壳径的 1/7；壳口极倾斜，半圆形；壳高 17 mm，壳径 27.5 mm。

● 分布：四川西北部。

② 松山巴蜗牛 *Bradybaena sueshanensis*

贝壳球形，右旋；黄白色，具棕色斑点，周缘具 1 条豆棕色的色带，壳顶角棕色；螺层数 5.5 ~ 6；体螺层周缘圆整，略向壳口方向下降；壳口圆形；口缘白色，其外、下缘略扩大，内部甚增厚；脐孔极狭小且部分为轴唇所掩盖；壳高 13 ~ 17 mm，壳径 17.7 ~ 20.6 mm。

● 分布：四川和云南。

③ 同型巴蜗牛 *Bradybaena similaris*

贝壳扁球形；右旋；黄褐色、红褐色或麦秆黄色，体螺层周缘中央或具 1 条褐色色带，略有光泽；螺层数 5.75 ~ 6.125；螺层突出，生长线或清晰，螺旋向细向排列规则而明显；胚螺层光滑；体螺层略向壳口方向下降；壳口月形，多少倾斜，口缘锋利；壳高 9.4 ~ 13.4 mm，壳径 13.2 ~ 17.5 mm。

● 分布：我国大部分省区。国外分布于日本、东南亚、南美等地。

④ 山间华蜗牛 *Cathaica orestias*

贝壳扁锥形；右旋；壳顶褐色，周缘中部上方具 1 粗、下方具 1 纤细褐色色带，余部白色；螺层数 5.5，螺层具规则小肋和精细的波浪状螺旋向沟，后者在壳底尤明显；体螺层几不向壳口下降；壳口阔、近月形；基部具弱唇；轴柱几垂直；脐孔窄而深；壳高 6.5 mm，壳径 10.25 mm。

● 分布：甘肃东南部。

① **斑纹华蜗牛指名亚种** *Cathaica przewalskii przewalskii*

贝壳扁盘形；右旋；螺旋部低平；轴向具白、褐交错条纹；具光泽；螺层数 5.5，螺层略凸出，具螺旋向细沟；体螺层周缘中部以上具钝的肩角；壳口缘反折，内具唇；脐孔径为壳径的 1/6～1/5；壳高 11～13 mm，壳径 19～21 mm。

● 分布：新疆、西藏、云南、青海、甘肃等地。

② **斑纹华蜗牛阿拉善亚种** *Cathaica przewalskii alaschanica*

与指名亚种相比，贝壳小，脐孔狭窄，约为壳径的 1/7，螺旋部高；壳高 9 mm，壳径 15 mm。

● 分布：内蒙古。

③ **斑纹华蜗牛禅启亚种** *Cathaica przewalskii buddhae*

贝壳扁盘形；右旋；螺旋部极低；褐色，具白色斑点、条纹，2 条褐色色带；螺层数 6，螺层低平，体螺层周缘上方具明显的肩角，肩角消失于壳口；壳口椭圆形，倾斜；口缘反折；脐孔大、脐孔径约为壳径的 1/5；壳高 11～13 mm，壳径 21～26 mm。

● 分布：西藏和甘肃。

④ **斑纹华蜗牛格氏亚种** *Cathaica przewalskii gredleri*

贝壳扁球形；右旋；略具光泽；除壳顶红褐色外为白色，周缘中央及其上各具 1 条清晰的红褐色色带；螺层数 5.5，螺层略凸出；壳口卵圆形；口缘扩大；内无唇；壳高 10 mm，壳径 18 mm。

● 分布：四川、云南等地。

① **宝石华蜗牛指名亚种** *Cathaica orithyia orithyia*

贝壳卵球形；右旋；光泽，胚螺层角白色；周缘中央和上部各具1条纤细栗色色带，后者延伸至螺旋部；螺层数 5.75 ~ 6.5，螺层极凸出，具规则的粗纹；体螺层周缘圆整，略朝壳口方向下降；壳口近圆形；外、下侧口缘略反折；具均匀的厚唇；轴柱反折并遮掩 1/3 ~ 1/2 脐孔；脐孔极深狭；壳高 13.6 ~ 15.1 mm，壳径 21 ~ 23.3 mm。

● 分布：黄土区的化石种，分布于甘肃、陕西、山西、河南等地。

② **宝石华蜗牛孔氏亚种** *Cathaica orithyia confucii*

与指名亚种相比，本亚种贝壳较小，壳口相对较大；壳高 11 ~ 13 mm，壳径 16 ~ 18 mm。

● 分布：甘肃、陕西等地。

③ **宝石华蜗牛山地亚种** *Cathaica orithyia montana*

与指名亚种相比，本亚种贝壳较小；螺层数 6；壳口相对较狭窄，内唇较薄；壳高 10.25 mm，壳径 14.5 mm。

● 分布：甘肃北部。

④ **北京华蜗牛** *Cathaica pekinensis*

贝壳扁盘形；右旋；螺旋部极小；壳质薄，茶褐色，肩部具栗色色带；螺层数 5，螺层略凸出，小肋整齐；壳口小，半卵圆形，倾斜，白色；口缘厚，扩大；脐孔阔，孔径约为壳径的 1/4；壳高 6 mm，壳径 11 mm。

● 分布：河北和北京。

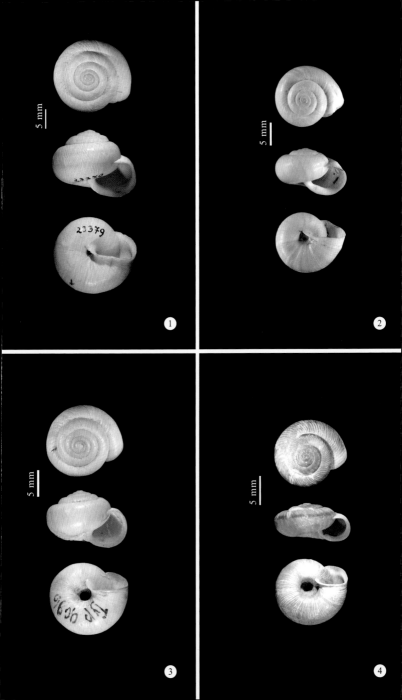

① 边穴华蜗牛指名亚种 *Cathaica cavimargo cavimargo*

贝壳扁盘状；右旋；灰褐色，龙骨白色；贝壳螺层数 4 ~ 4.75，螺层强烈凸出并在缝合线间形成龙骨；体螺层周缘呈明显的龙骨突状；壳口卵圆形，极倾斜；壳口缘薄，除基部外不扩大；脐孔深，较阔；壳高 4 mm，壳径 10 mm。

● **分布**：新疆。国外分布于阿富汗等地。本种常见于天山山脉的石灰岩表面。

② 边穴华蜗牛缺肋亚种 *Cathaica cavimargo iacosta*

贝壳扁盘状；右旋；壳质薄，不透明，白色和角褐色；螺旋部低；周缘具龙骨，龙骨上侧凹陷强烈；螺层数 5，生长纹不规则；壳口几不扩大；壳高 5 mm，壳径 10.5 mm。

● **分布**：新疆。本种生活于岩石表面。

③ 布氏华蜗牛 *Cathaica buvigneri*

贝壳扁球形；右旋；坚固；白色，不透明；螺旋部低锥形；螺层数 5，生长线纤细；体螺层略膨大，周缘圆整，在壳口突然扩大；壳口近圆形，几不倾斜；壳口缘厚；脐孔狭窄；壳高 7 mm，壳径 10 mm。

● **分布**：山西、陕西、山东、河南、河北等地。本种为黄土区典型的陆生贝类，化石、半化石和现生种群出现在相同区域内。

④ 多皱华蜗牛 *Cathaica corrugata*

贝壳近卵球形；右旋；壳质厚，坚固；周缘中央上下各 1 条褐色带；螺层数 5，螺层极凸出，表面极粗糙；体螺层向壳口下降短，周缘圆整；壳口极倾斜，阔椭圆形；上口缘平直，外口缘略扩大，口缘基部扩大；口缘反折，几掩脐孔；口缘内具厚唇；壳高 10 ~ 12.5 mm，壳径 16 ~ 16.5 mm。

● **分布**：河南和陕西。

1 斑驳华蜗牛 *Cathaica polystigma*

贝壳厚凸镜形；右旋；螺旋部小；除壳口白色外，通体角褐色；螺层数 6，螺层略凸出，密布细小颗粒；体螺层周缘中部具角；壳口半圆形，倾斜；壳口缘除部外，在下部和轴缘扩大；脐孔径约为壳径的 1/5；壳高 9 ~ 11 mm，壳径 19 ~ 21 mm。

● 分布：四川和甘肃。

2 粉华蜗牛指名亚种 *Cathaica pulveratrix pulveratrix*

贝壳近球形，右旋；薄而坚固；螺旋部高；胚螺层角白色，具颗粒，略有光泽，螺旋部浅褐色，壳底色浅；螺层数 5.25，螺层凸出，具规则小肋和螺旋向细沟；体螺层周缘圆整，略向壳口方向下降；壳口微斜；口缘厚，基部近轴处具 1 钝齿；脐孔小，一半被反折的轴缘掩盖；壳高 9 mm，壳径 12 mm。

● 分布：黄土区的化石亚种，分布于新疆、西藏、甘肃、山西、陕西、河北等地。

3 粉华蜗牛双带亚种 *Cathaica pulveratrix bizona*

贝壳近球形；右旋；轴缘中央的上下方各具 1 条褐色色带；螺层数 5.5，体螺层周缘圆整；壳口无齿；壳高 10 mm，壳径 18 mm。

● 分布：甘肃、山西、陕西、河北等地。

4 放射华蜗牛 *Cathaica radiata*

贝壳扁；右旋；螺旋部低矮，白色；壳顶最初 2 层暗红色，随后螺层具一些灰褐色轴向条纹；体螺层上部充满浅褐色条纹，下部有少许浅褐色条纹；周缘具 1 条暗色色带；螺层数 6.3，螺层略凸出，体螺层向壳口方向下降；周缘圆整；壳口极倾斜，壳口宽略大于壳口高；壳口缘除上部外，均略扩大；脐孔径为壳径的 1/5；壳高 13.1 mm，壳径 23.1 mm。

● 分布：四川西北部。

① **光泽华蜗牛** *Cathaica gansuica*

贝壳扁锥形；右旋；胚螺层栗色，余白色，周缘中央偏下具 1 条纤细栗色带；略具光泽；螺层数 5.5，螺层凸出，生长线纤细；体螺层中部具钝角，向壳口下降短；壳口方，极倾斜；口缘在基部和轴柱部反折；基部口缘内具 1 粗壮的钝齿；壳高 4 ~ 6.75 mm，壳径 10 ~ 12 mm。

● 分布：甘肃南部。

② **霍氏华蜗牛** *Cathaica holdereri*

贝壳卵球形；右旋；初壳顶浅褐色外全体污白色，周缘中部的上下各有 1 条浅褐色色带，上方的色带一直延伸至螺旋部各层；螺层数 5，螺层凸出；生长线常被白色增厚掩盖；体螺层周缘圆整，几不向壳口向下降；壳口卵圆形；口缘厚，除基部和轴柱外不扩大；脐孔小而深；壳高 10 mm，壳径 10 ~ 12 mm。

● 分布：西藏。

③ **罗森华蜗牛** *Cathaica rossimontana*

贝壳扁锥形；右旋；螺层数 5.5，螺层凸；生长线密集而不规则；体螺层向壳口方向下降短，周缘圆整；壳口阔椭圆形，极倾斜；口缘上方平直，基部短，在轴缘扩张；脐孔径为壳径的 1/7；壳高 8.5 mm，壳径 12.5 mm。

● 分布：新疆南部。

④ **柯氏华蜗牛指名亚种** *Cathaica kreitneri kreitneri*

贝壳扁球形；右旋；略有光泽；肋白色，余部褐色，周缘角上下各 1 条褐色色带，上部色带延伸至螺旋部；螺层数 4.25，螺层略凸出；体螺层中央上方具个肩，不下降；壳口圆三角形；口缘下部和轴柱略反折，口内唇厚；近轴柱处具一低平齿；脐孔径为壳径的 1/7 ~ 1/5；黄土区的化石亚种。

● 分布：甘肃、四川和西藏。

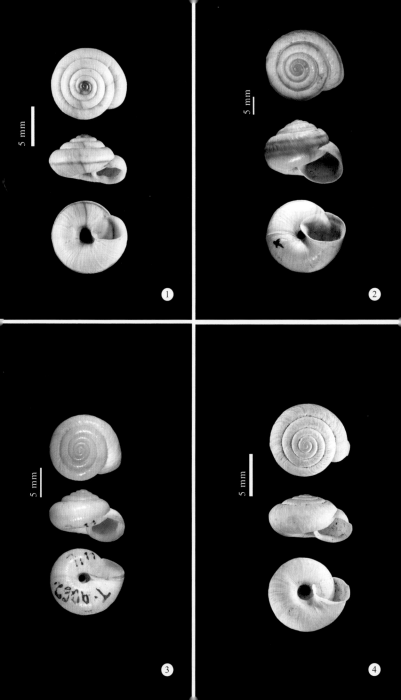

① **柯氏华蜗牛角亚种** *Cathaica kreitneri subangulata*

较指名亚种更大。壳高 5.5 mm，壳径 9.5 mm。现生亚种。

● 分布：甘肃。

② **柯氏华蜗牛娜亚种** *Cathaica kreitneri nana*

较指名亚种体型小。壳高 4.25 ~ 5 mm，壳径 7.5 ~ 8 mm。现生亚种。

● 分布：甘肃。

③ **口华蜗牛粗纹亚种** *Cathaica kalganensis subrugosa*

贝壳扁球形；右旋；坚实；不透明，无光泽，黄褐色；螺旋部低，壳顶钝，螺层数 5 ~ 5.5，螺层凸出；壳口卵圆形；口缘略扩大；口内唇白色，极厚；脐孔径为壳的 1/8 ~ 1/6；壳高 5.75 ~ 7 mm，壳径 8 ~ 9.5 mm。

● 分布：河北和北京。

④ **昆仑华蜗牛** *Cathaica cunlunensis*

贝壳扁盘形；右旋；黄褐色；螺层数 4.5 ~ 5；螺层略凸，具斜肋纹；体螺层略向壳口下降，周缘肩具钝圆齿；壳口阔月形，斜；口缘白色，基部及轴柱反折；脐孔径约为壳径的 1/4；壳高 7 ~ 8 mm，壳径 15 mm。

● 分布：新疆和西藏。

⑤ **蒙古华蜗牛** *Cathaica mongolica*

贝壳扁盘形；右旋；螺旋部低；黄褐色；螺层数 4.5 ~ 5，螺层略凸出，具斜向肋状纹；体螺层略下降；壳口阔月形，倾斜；口缘白色，基部及轴柱反折；具唇；脐孔径为壳径的 1/4；壳高 7 ~ 8 mm，壳径 15 mm。

● 分布：甘肃、内蒙古、山西、河北和北京。

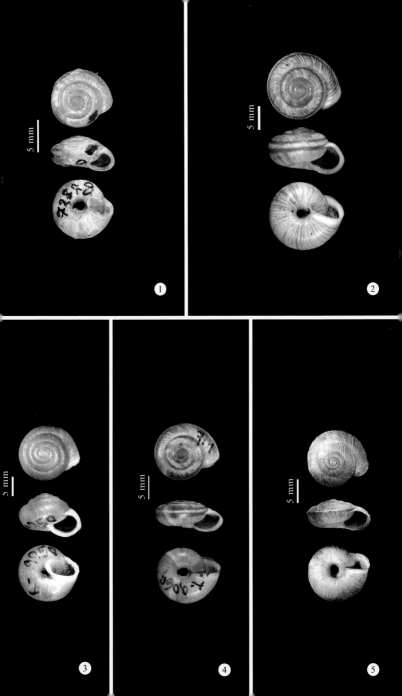

① **南山华蜗牛** *Cathaica nanschanensis*

贝壳扁球形；右旋；壳顶及余部褐色，生长线白色，周缘中部的上下方各具 1 条褐色色带，上方延伸至螺旋部并毗邻缝合线；螺层数 5 ~ 5.5，螺层凸出；生长线细肋状；体螺层周缘圆整，略向壳口方向下降；壳口截卵圆形，极倾斜；口缘略扩大，内唇均匀而厚，近轴柱处具 1 钝齿；脐孔径约为壳径的 1/7；壳高 7.5 mm，壳径 12.4 mm。

● 分布：甘肃和西藏。

② **奥尔玛华蜗牛** *Cathaica ohlmeri*

贝壳卵球形；右旋；污白色，周缘中部仅 1 条栗色色带；螺层数 4.75 ~ 5；体螺层周缘圆整，几不向壳口方向下降；壳口仅下部和轴柱反折；无齿；口缘厚，内唇明显；脐孔深阔；壳高 5.5 ~ 6.5 mm，壳径 8 ~ 10 mm。

● 分布：甘肃。

③ **青海华蜗牛** *Cathaica cucunorica*

贝壳凸透镜形；右旋；污褐土黄色；螺旋部短锥形；螺层数 5，螺层具粗壮而不规则肋；缝合线深凹；体螺层龙骨凸出；壳口近圆形，极倾斜；口缘不扩大，唇薄；脐孔径约占壳径的 2/11；壳高 5.5 mm，壳径 11 mm。

● 分布：青海。

④ **斯托华蜗牛** *Cathaica stoliczkana*

贝壳扁盘形；右旋；螺旋部低，但胚螺凸出；污白色；胚螺红褐色，周缘中央和上方各有 1 条延伸至壳口的褐色色带；螺层数 4.625，螺层凸出，生长线纤细不甚规则；体螺层周缘圆整，向壳口方向下降；壳口阔卵圆形；口缘除上方外略扩大、反折，内唇不明显；脐孔径约为壳径的 1/5；壳高 6 mm，壳径 13 mm。

● 分布：新疆等地。

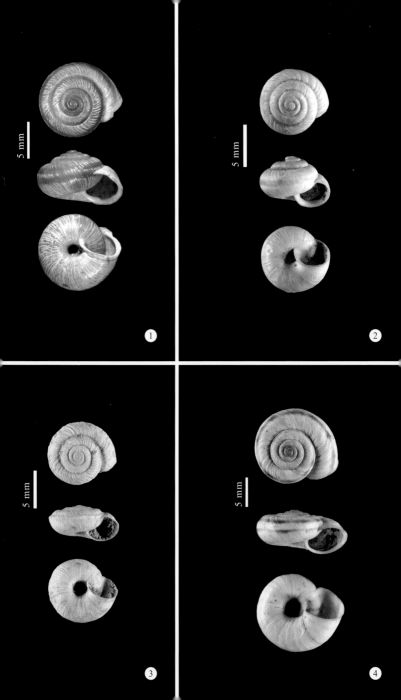

① **条华蜗牛指名亚种** *Cathaica fasciola fasciola*

贝壳扁球形；右旋；具光泽，污白色，肩下句栗色色带；螺层数 5.5；螺层较凸出，具细肋样均匀分布的凸纹；体螺层周缘上方具钝的肩角；壳口方；外、下壳口缘扩大，不反折；轴缘反折遮掩部分脐孔；内唇较厚，均匀；脐孔小、深；壳高 10 mm，壳径 15 ～ 16 mm。

● 分布：河北、北京、河南、陕西、山西、江苏等地。本种在我国东部黄土区等地广泛分布，为北京、河北等地最常见的蜗牛；在夏季能达到很高的种群密度。常为伴居动物，见于农田和人工绿地。

② **条华蜗牛细纹亚种** *Cathaica fasciola subtilistriata*

较指名亚种，本亚种生长线更纤细、壳口齿更发达，壳径达 20 mm。

● 分布：陕西。分布地同时有现生种群和半化石。

③ **小孤华蜗牛** *Cathaica secusana*

贝壳扁锥形；右旋；壳顶钝，半透明，有光泽；白色；周缘中央偏上具 1 条栗色色带并延伸至螺旋部，或并在周缘中央有 1 条；螺层数 5.5，螺层凸出；体螺层向壳口方向下降；壳口圆形，极倾斜；口缘锋利，除上口缘外均扩张；轴缘半掩脐孔；壳高 9 ～ 10 mm，壳径 14 ～ 16 mm。

● 分布：湖北。

④ **西宁华蜗牛指名亚种** *Cathaica siningfuensis*

贝壳厚凸透镜形；螺旋部低矮；胚螺浅角褐色，余部白色，2 条角褐色色带；1 条在周缘角下，另 1 条在周缘角上、延伸至螺旋部、终止于壳口前；螺层数 4.5；胚螺层具颗粒；螺层略凸出，具小肋；体螺层几不向壳口下降，周缘中央具角；壳口仅基部和轴柱部分反折；口缘锋利，内具唇；脐孔径约为壳径的 2/11；壳高 5.3 mm，壳径 8.8 ～ 9 mm。

● 分布：西藏、甘肃、青海和内蒙古。

❶ 西宁华蜗牛褐壳亚种 *Cathaica siningfuensis brunnescens*

与指名亚种相比，本亚种个体更大，色带较模糊，壳底角褐色；周缘角较不锋利；壳高 6 mm，壳径 11 mm。

● 分布：甘肃。

❷ 小粉华蜗牛 *Cathaica pulveratricula*

贝壳扁球形，右旋；螺旋部略高；带角褐的白色，螺旋部浅褐色，壳底色浅；螺层数 5.25，螺层凸出，具粗肋；体螺层周缘较圆整；壳口下部略反折，轴柱反折遮掩 1/2 脐孔，近轴柱处具一发达的钝齿；壳高 4.7 ~ 5.2 mm，壳径 6.5 ~ 7.3 mm。

● 分布：青海、甘肃、陕西、山西等地。

❸ 小节华蜗牛 *Cathaica nodulifera*

贝壳扁球形；右旋；具光泽，茶色；螺层数 5，螺层凸出，生长线细肋状；体螺层周缘圆整，几乎不向壳口方向下降；壳口近圆形，倾斜；口缘几不扩大；内唇均匀而厚，近轴柱处一钝齿；脐孔径约为壳径的 1/4，壳高 5 ~ 5.5 mm，壳径 8.5 ~ 10 mm。

● 分布：四川和甘肃。

❹ 连旋华蜗牛 *Cathaica connectens*

贝壳扁盘状；右旋；螺旋部低锥状；相间的白色和土黄色条纹；龙骨白色，其上下方色带栗色；螺层数 5，螺层略凸出；体螺层周缘上方具略钝的龙骨，向壳口下降短；壳底生长线细密；壳口圆角方形，内缘增厚；口缘锋利，几不扩大；脐孔径为壳径的 1/7 ~ 1/6；壳高 7.5 mm，壳径 14.5 mm。

● 分布：甘肃。

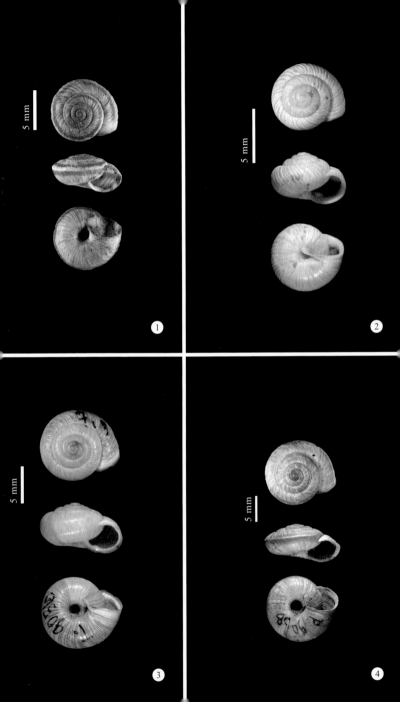

❶ 心唇华蜗牛 *Cathaica cardiostoma*

贝壳近球形；右旋；坚实；白色，间有土黄色条纹，周缘上下各具 1 条土黄色色带；螺旋部低锥形；螺层数 5，螺层较凸出，生长线密集；体螺层向壳口方向下降短，壳底较平坦；壳口心形，极倾斜；口缘略扩大，内部具厚唇；脐孔阔，约为壳径的 1/5；壳高 6.5 ~ 8 mm，壳径 13.25 ~ 15 mm。

● 分布：甘肃南部和四川北部。

❷ 贡嘎宁馨螺 *Eueuhadra gonggashanensis*

贝壳扁球形；右旋；褐色，有光泽，薄而坚实；部分被轴唇遮掩；螺层数 3.875 ~ 5，螺层凸出；胚螺层具精细颗粒；交接器无鞘，在远端具明显的管状盲囊；成茎器具鞭状器；其交接器 - 成茎器室；黏液腺多分枝；脐孔狭窄；壳高 11 ~ 14.6 mm，壳径 18.7 ~ 26.2 mm。

● 分布：四川西部。

❸ 黑亮射带蜗牛 *Laeocathaica phaeomphala*

贝壳厚凸透镜状；左旋；上部形成拱顶状，胚螺层略凸出；间有放射向土黄色和白色条块，龙骨色白，下接黄褐色色带；螺层数 8.5，螺层平，缝合线上龙骨略上抬；体螺层不向壳口下降，周缘中央具角；壳口桃形，口缘薄，内具厚唇；脐孔径约为壳径的 1/5；壳高 11.5 mm，壳径 20.5 mm。

● 分布：甘肃南部。

❹ 白缝射带蜗牛 *Laeocathaica leucorhaphe*

贝壳厚凸透镜形；左旋；有光泽，栗色，往壳底色渐浅至污白色，龙骨白色；螺旋部小；螺层数 6，螺层略凸出，白色龙骨抬出于缝合线；体螺层向壳口下降短，其周缘中央具龙骨；壳口近卵圆形，锋利，内唇薄；脐孔径约为壳径的 1/5；壳高 10 mm，壳径 19 mm。

● 分布：四川西部。

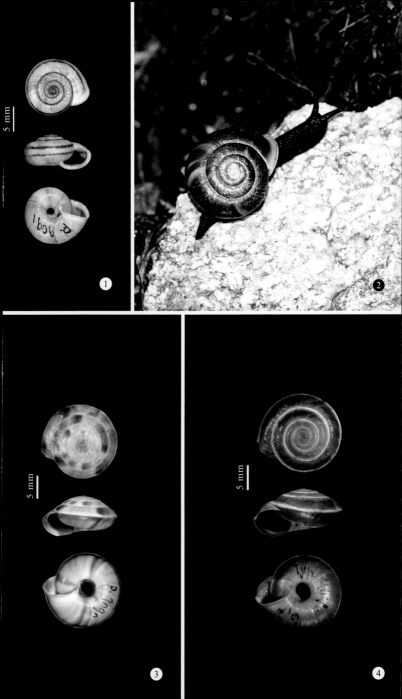

① 鲜明射带蜗牛 *Laeocathaica distinguenda*

贝壳扁盘形；左旋；坚固，灰角土黄色，周缘具栗色带，色带至壳口缺如；螺层数 6.5，螺层略凸出，增长缓慢，上部具精细生长线；缝合线缘游离；体螺层略具角，向壳口方向不或很少下降；壳口阔椭圆形，略倾斜；脐孔径约为壳径的 2/9；壳高 10 ~ 113.3 mm，壳径 23 ~ 24.5 mm。

● 分布：四川西北部和甘肃南部。

② 玻氏射带蜗牛 *Laeocathaica potanini*

贝壳透镜状；左旋；褐土黄色，龙骨下具 1 条窄栗色带；螺层数 7.5，螺层平，具密集粗肋；边缘均匀游离并抬起；龙骨样突起锋利；体螺层向壳口略下降；壳口菱形，极倾斜，上部扩大而下部反折，内唇明显；脐孔孔径达壳径的 1/4；壳高 6.5 ~ 8 mm，壳径 18 ~ 21 mm。

● 分布：甘肃南部。

③ 多结射带蜗牛 *Laeocathaica polytyla*

贝壳左旋；螺旋部扁盘状；坚固，灰土黄色，具斑驳栗色纹及色块，周缘角下方具 1 条栗色带；螺层数 10.5，螺层平，增长极缓慢，周缘中上部呈明显角度并延伸至口缘；体螺层末略下降；壳口圆长方形，极倾斜；口缘几不扩张，内唇厚，基部具 1 齿；壳高 6.25 ~ 9.5 mm，壳径 14 ~ 18 mm。

● 分布：四川北部。

④ 菲氏射带蜗牛 *Laeocathaica filippina*

贝壳扁盘形；左旋；具纤细生长线，上下方均具白色和角褐色的条纹，龙骨下具褐色带；螺层数 5.5，缝合线浅，边缘略游离；锋利龙骨样突起出现于周缘上方并延伸至壳口；体螺层最后半层在龙骨下方略下降；脐孔阔，孔径达壳径的 1/4；壳高 6 mm，壳径 18 ~ 19 mm。

● 分布：甘肃和湖北。

① **锯齿射带蜗牛** *Laeocathaica prionotropis*

贝壳透镜状；左旋；螺旋部高而壳顶平；上部角黄色；螺层数 6.5，螺层平，增长缓慢；生长线精细；缝合线浅，下缘白色；龙骨样突起锋利，出现于周缘中上部并延伸至壳口；体螺层最后在龙骨下方向壳口微微下降；壳口阔斧形；脐孔近柱形，孔径达壳径的 1/5；壳高 12.5 mm，壳径 24.5 mm。

● 分布：甘肃和四川。

② **龙骨射带蜗牛** *Laeocathaica tropidorhaphe*

贝壳扁盘状；左旋；螺旋部极低平；褐色，龙骨污白色，下具褐色色带，壳底污白色；螺层数 7，螺层平，生长线密而整齐；体螺层不下降，周缘上方龙骨钝，螺旋部龙骨略抬于缝合线上方；壳口阔椭圆形，极倾斜；口缘具薄唇；脐孔径达壳径的 2/7；壳高 10 ~ 11.5 mm，壳径 24 ~ 29.5 mm。

● 分布：甘肃南部。

③ **蒲氏射带蜗牛** *Laeocathaica pewzowi*

贝壳左旋；螺旋部扁盘状；灰土黄色，具斑驳栗纹块，龙骨下有 3 条栗色带；螺层数 8.5，螺层平，上部具精细小肋；缝合线上缘游离；周缘上部的龙骨延伸至口缘；体螺层末端略下降；壳口四角形，极倾斜；口缘不扩张，内唇厚，龙骨下及基部各具 1 齿；壳高 6 ~ 7 mm，壳径 15 ~ 17.5 mm。

● 分布：甘肃南部。

④ **似射带蜗牛** *Laeocathaica subsimilis*

贝壳扁球形；左旋；螺旋部突出；龙骨上下褐土黄色，余部污白色，各螺层具白色放射向间隔分布的斑块；螺层数 6 ~ 6.5，螺层略平，周缘中上部呈明显龙骨状或略钝，龙骨白色，其后 1/3 体螺层圆整；壳口基部扩大，近轴处略反折；脐孔径为壳径的 1/5；壳高 9 ~ 12 mm，壳径 20 ~ 25.5 mm。

● 分布：甘肃、陕西、四川、重庆和湖北。

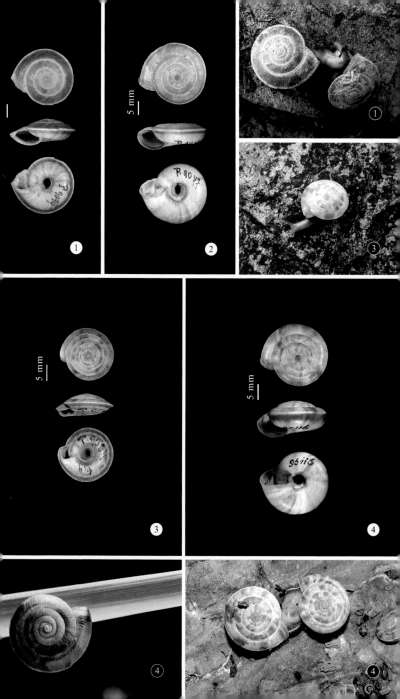

① 亮滑射带蜗牛 *Laeocathaica dityla*

贝壳柱锥形；左旋；富光泽，半透明；黄褐色，壳底色浅至污白色；螺旋部低锥形；螺层数 7，螺层凸出，生长线不清晰；体螺层略向壳口向下降，周缘中央以上具钝肩；壳口圆三角形，倾斜；口缘平直，厚唇，具 2 枚大齿；1 枚位于腭壁，1 枚近轴柱；壳高 6.5 mm，壳径 11 ~ 12 mm。

● 分布：甘肃南部。

② 德简射带蜗牛 *Laeocathaica dejeana*

贝壳厚凸透镜形；左旋；黄绿色；螺层数 4，螺层略凸出，具螺旋向细沟；体螺层周缘中央上方具锋利龙骨，龙骨上方凹陷呈沟状；体螺层略向壳口方向下降；壳口桃形，倾斜；脐孔深阔；壳高 5.5 mm，壳径 10 mm。

● 分布：四川西部。

③ 狭锥射带蜗牛 *Laeocathaica stenochone*

贝壳厚凸透镜状；左旋；螺旋部低矮；上部间有白色和褐色条块，龙骨白色，下接褐色色带；螺层数 7.5，螺层微凸，增长缓慢；体螺层向壳口下降短，其周缘中央上部具锋利的肩角；壳口桃形，倾斜；口缘除上方外略扩大，反折，内唇略薄；脐孔径约为壳径的 1/5；壳高 14 mm，壳径 26 mm。

● 分布：甘肃南部。

④ 左旋射带蜗牛 *Laeocathaica christinae*

贝壳凸透镜形；左旋；壳质薄；间具污白色和褐色的放射向条块，龙骨白色，龙骨下具 1 条褐色的宽色带和数条纤细色带，壳顶褐色；螺层数 5.75，螺层扁平，生长线纤细、清晰；体螺层周缘中央略上具龙骨，略向壳口方向下降；壳口近圆形，倾斜；壳口缘在下方和轴唇处略扩大，略具内唇；脐孔径约为壳径的 2/7 ~ 1/3；壳高 7 ~ 9.5 mm，壳径 19 ~ 24 mm。

● 分布：甘肃、四川和湖北。

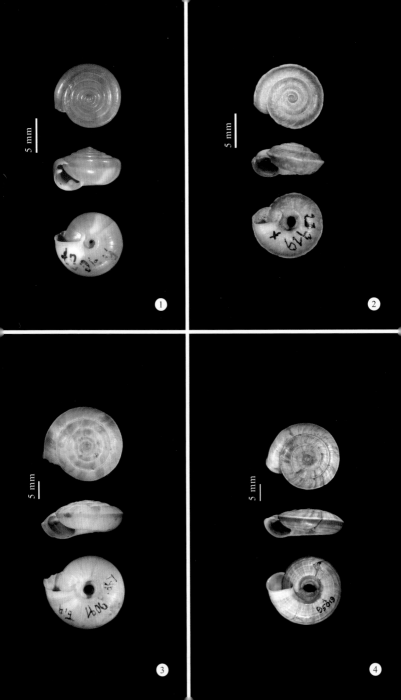

① 粗纹射带蜗牛 *Laeocathaica amdoana*

贝壳扁球形；左旋；坚固；白色，周缘下具宽栗色带，底部污土黄色。螺层数 7.5；螺层增长缓慢，上部具密集细肋；缝合线缘具细白边；体螺层略具角，向壳口方向微下降；壳口椭圆形，极倾斜；脐孔径约为壳径的 1/5；壳高 12 mm，壳径 24 mm。

● 分布：甘肃和四川。

② 川毛华蜗牛 *Trichocathaica amphidroma*

贝壳扁球形；左旋或右旋；黯淡，绿褐色；螺层数 5.75 ~ 6，螺层凸出，沿生长线方向具密集的三角形鳞毛；体螺层周缘圆整，向壳口方向下降；壳口近卵圆形，倾斜，内唇不明显；脐孔深阔，约为壳径的 1/4；壳高 12.5 ~ 14 mm，壳径 22 ~ 23 mm。通常在枯枝败叶层和矮灌木之间的空间内活动。

● 分布：四川。

③ 皱纹蛇蜗牛 *Pseudiberus maoensis*

贝壳透镜状；右旋；厚实；周缘具白色龙骨；上部呈黯淡的黄棕色，底部略苍白；螺层数 5.125 ~ 5.75，生长线和表面突起成网状胚螺层具细密颗粒；体螺层略下降；壳口菱形，完全游离于螺层，仅下唇扩大并增厚；脐孔深阔，约为壳径的 1/5；壳高 6.1 ~ 8 mm，壳径 16 ~ 19.2 mm。

● 分布：四川西北部。

④ 蓬毛华蜗牛指名亚种 *Trichocathaica lyonsae lyonsae*

贝壳扁盘形；左旋；黄褐色；螺层数 6，生长线伴有颗粒样毛痕，角质鳞毛纤细而长；胚螺层凸出；体螺层向壳口方向下降，其周缘中央以上具肩角；壳口近卵圆形，极倾斜；壳口缘白色，除上方外扩大、反折；脐孔深阔，孔径几乎为壳径的 1/3；壳高 8.5 mm，壳径 18 mm。

● 分布：四川。

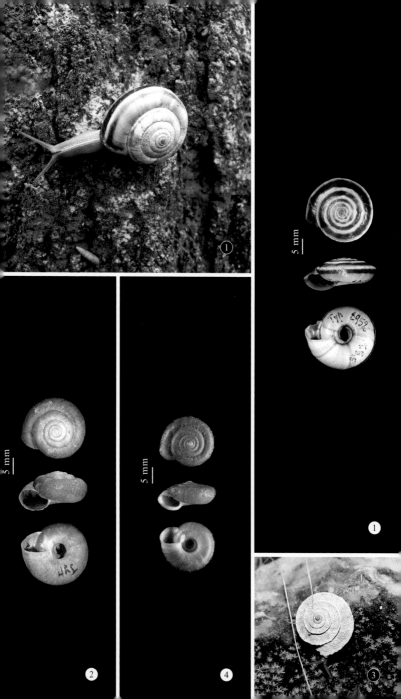

❶ 蓬毛华蜗牛科摩亚种 *Trichocathaica lyonsae comosa*

贝壳扁盘形；左旋；螺层数 5.5，螺层凸起；体螺层周缘圆整，向壳口方向下降幅度大；贝壳呈黯淡的浅褐色；底部沿生长线具不规则或呈波状的角质鳞，周缘及附近具长角质毛，角质毛脱落后可见不明显的毛痕；壳口半圆形，极倾斜；略游离于螺层；壳口缘上部不扩大，外部、下部扩大并在壳口内具增厚区；轴柱缘反折；脐孔径约为壳径的 2/7，壳高 7 mm，壳径 15.7 mm。

● 分布：四川。

❷ 葛氏毛华蜗牛 *Trichocathaica goepeliana*

贝壳扁卵形；左旋；螺层数 4.75 ~ 5，螺层凸出；体螺层略向壳口方向下降，其周缘中央成钝角；壳口近满新月形，倾斜；口缘简单，薄；脐孔径约为壳径的 1/3；壳高 4 ~ 4.8 mm，壳径 7 ~ 7.5 mm。

● 分布：四川。

❸ 汉山间齿螺 *Metodontia huaiensis*

贝壳右旋；螺旋部具细肋；周缘圆或略呈角度；壳口具 4 齿：腔壁齿小，2 枚；腭壁齿 2 枚，粗壮且相连；贝壳具 5.5 ~ 8 个螺层；胚螺层 1 ~ 1.625；壳高 5.2 ~ 10 mm，壳径 6.7 ~ 14 mm。

● 分布：青海、甘肃、河南、山西、陕西、山东、安徽和湖北。

❹ 文县间齿螺 *Metodontia wenxianensis*

贝壳锥形；右旋；螺层数 6.875 ~ 7.75；轴唇扩大，很少遮掩脐孔；角质层具细小的狭月形鳞，胚螺层具纤细颗粒，其余螺层仅在近壳顶处具颗粒；体螺层末端不倾斜；壳口三角形，略倾斜；壳口内均匀增厚；基部和周缘处各具 1 枚粗大的腭壁齿；周缘圆，周缘和紧邻缝合线下方各有 1 条褐色条带；脐孔深阔；壳高 5.72 ~ 8.26 mm，壳径 9.32 ~ 13.03 mm。

● 分布：甘肃南部。

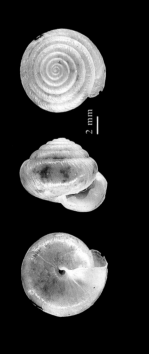

① 武都间齿螺 *Metodontia wuduensis*

贝壳扁；右旋；螺旋部低；螺层数 6.875 ~ 7.5；自次体螺层起迅速变窄；轴柱极倾斜；贝壳表面光滑；周缘上部具肩；体螺层末端不倾斜；壳口三角形；几乎垂直；口缘增厚；基部和周缘处各具 1 枚粗大的腭壁齿；贝壳极具光泽；深褐色，肩及近脐孔处色浅至灰白色；脐孔阔；壳高 5.93 ~ 7.06 mm，壳径 10.13 ~ 12.19 mm。

● 分布：甘肃南部。

② 狭长间齿螺 *Metodontia beresowskii*

贝壳锥形；右旋；螺层数 7 ~ 8；表面具短角质毛，无肋；周缘圆；体螺层末端下倾；壳口三角形，极倾斜；壳口内增厚；近轴唇处具 1 粗壮扁平齿；脐孔小；壳高 6.36 ~ 7.62 mm，壳径 7.10 ~ 7.69 mm。

● 分布：甘肃南部。

③ 烟台间齿螺 *Metodontia yantaiensis*

贝壳右旋；螺层数 5.5 ~ 8；其余螺层具鳞毛瘢痕；壳口 4 齿：腔壁齿小，2 枚；腭壁齿 2 枚，粗壮；脐孔微小；壳高：3.85 ~ 6 mm，壳径 5.11 ~ 8 mm；栖息于黄土区域的干旱而少植被的山地。

● 分布：河北、山东、陕西、山西等地。

④ 三带屿大蜗牛 *Nesiohelix moreletiana*

贝壳扁锥球形；右旋；壳质厚实，茶红色或更深色；周缘略具角度；其上、下各具 1 条边缘较模糊的栗色色带；螺层数 5 ~ 6；螺层凸出，缝合线深凹；体螺层向壳口方向下降；壳口椭圆形，极倾斜；壳口缘强烈反折；轴柱缘翻折部分遮掩脐孔；壳高 37 mm，壳径 53 mm。

● 分布：安徽和浙江。本种为我国大陆体形最大的巴蜗牛，栖息于山地中较开阔的林地中。卵无明显的碳酸钙外壳，呈胶质、血球状。

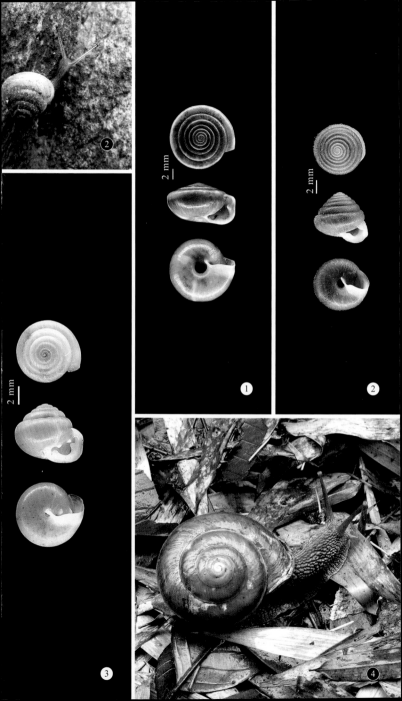

① 双线桥齿螺 *Ponsadenia duplocincta*

贝壳球锥形；右旋；螺旋部低锥形，壳顶钝；浅灰黄色或黄褐色，周缘白色，其上下各有 1 条栗色色带，单色、无色带的情况少见；螺层数 6，螺层略凸出，具锤痕，螺旋向细沟多见于体螺层；胚螺层光滑无颗粒；壳口近椭圆形，略倾斜；口缘微微扩大；轴柱短，反折部分掩盖一半脐孔；脐孔深窄；壳高 19 ~ 23 mm，壳径 22 ~ 25 mm。

● 分布：新疆天山一带。为新疆天山地区最常见的蜗牛，常生活于稀疏的林地表面，短暂休眠时栖息于树干较低处。

② 斯氏桥齿螺 *Ponsadenia semenovi*

贝壳扁球形；右旋；螺旋部低；螺层数 5 ~ 5.5，螺层凸出，生长线细密，具螺旋向细沟；体螺层几不向壳口向下降；壳口圆形；口缘厚，仅基部和轴唇略反折；交接器鞘覆盖 7/8 的交接器；副矢囊一端连接矢囊中部，另一端通过结缔组织连接于矢囊 – 雌道交界处；粘液腺 1 簇；脐孔狭窄；壳高 6.5 ~ 8.5 mm，壳径 8.5 ~ 13 mm。

● 分布：新疆，国外分布于哈萨克斯坦的伊塞克湖附近。

③ 中甸桥齿螺 *Ponsadenia zhongdianensis*

贝壳扁球形；右旋；壳质薄而坚实；黄褐色，龙骨色略浅，暗淡；螺层数 4.625 ~ 5.25，螺层凸出；胚螺层密布精细颗粒；在成体中胚螺层因磨损而光滑，极富光泽；幼螺螺层具沿生长线的连续鳞片；成螺生长线清晰，螺旋向细沟规则密布；体螺层周缘中央略偏上位置具钝而明确的龙骨，略向壳口方向下降；壳口圆三角形，倾斜，具 2 枚极扁平的腭壁齿；口缘薄，略反折；副矢囊桥状，通过薄结缔组织膜与雌道愈合，具 1 枝黏液腺；交接器鞘极短；壳高 5.3 ~ 8.4 mm，壳径 10.4 ~ 12.8 mm。

● 分布：云南北部。为一类极狭窄地分布于石灰岩区的蜗牛，在活跃季节常聚集栖息于矮小灌木和禾本科植物的近根处。

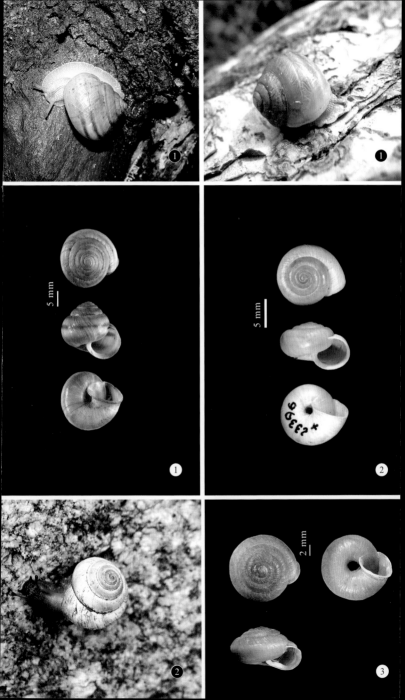

① **甫氏蛇蜗牛** *Pseudiberus futtereri*

贝壳厚凸透镜状；右旋；壳质厚，坚实；上部褐色，下部色浅，壳口、龙骨污白色、上下各 1 条细而不甚清晰的褐色色带；胚螺凸出；螺层数 4.75 ～ 5，螺层突起，生长线褶皱状，倾斜，有鳞毛痕；体螺层几乎不向壳口方向下降，其周缘中偏上具龙骨，龙骨于螺旋部抬于缝合线之上；胼胝厚，形成连续壳口；壳口截卵圆形，倾斜；口缘除上方外均略扩大，反折，遮掩部分脐孔；唇厚，基部有 1 钝齿；脐孔径约为壳径的 1/7；壳高 7 ～ 8 mm，壳径 15 ～ 16 mm。

● 分布：陕西、甘肃、山西、河北等地。

② **焰口蛇蜗牛** *Pseudiberus encaustochilus*

贝壳凸透镜形；右旋；上部角褐色，下部色浅，壳口白色；胚螺略凸出；螺层数 5.5，螺层平；表面密生沿生长线方向伸长的精细结节；体螺层向壳口方向极端下降，其周缘中偏上处具锋利龙骨，龙骨上具浅沟并延伸至壳口缘；壳口方形，连续，倾斜至几乎水平；口缘除上方外反折，但不扩大；脐孔径约为壳径的 1/3；壳高 5.25 mm，壳径 13.5 mm。

● 分布：甘肃南部。

③ **扭索蛇蜗牛** *Pseudiberus plectotropis*

贝壳扁卵圆形；右旋；褐色，周缘角及壳口白色；螺层数 5.5，螺层较平，具略浅色小肋；体螺层略向壳口向下降，其周缘中央具明显但钝角的肩角，肩角延伸至螺旋部并抬起于缝合线上方；壳口截卵圆形，几连续，倾斜；口缘翻折，轴缘略遮掩脐孔；脐孔径约占壳径的 2/11；壳径 19 mm。

● 分布：新疆天山山脉。国外分布于中亚地区。喜栖息于天山突出于草坡的石灰岩露头点，环境不利时深匿于石罅中。

① 朗氏蛇蜗牛 *Pseudiberus lancasteri*

贝壳凸透镜形；右旋；肋状生长线细密，具规则螺旋向细沟；螺旋部扁平，壳顶凸出；螺层数 6，螺层增长缓慢；螺层近龙骨处略洼陷；壳口略呈四方形，倾斜；壳口锋利，平直；脐孔宽大；壳高 4.25 mm，壳径 14.5 mm。

● 分布：四川和河北。

② 栗色蛇蜗牛 *Pseudiberus castanopsis*

贝壳凸透镜形；右旋；半透明，有光泽；褐色，脐孔附近略浅，龙骨白色；螺层数 4.75 ~ 5，螺层平，生长线细密、倾斜；体螺层向壳口方向下降，其周缘中央具锋利龙骨；壳口卵圆形，极倾斜；口缘均匀扩大，反折，内无唇；轴唇掩盖部分脐孔；脐孔径约为壳径的 1/5；壳高 11 mm，壳径 24 mm。

● 分布：四川东部和湖北西部。

③ 轮状蛇蜗牛汶川亚种 *Pseudiberus trochomorphus wentschuanensis*

与指名亚种相比，本亚种龙骨出现于体螺层周缘偏上的部位，无色带。壳高 7 ~ 9.5 mm，壳径 12.5 ~ 21.5 mm。

● 分布：四川西北部。

④ 轮状蛇蜗牛指名亚种 *Pseudiberus trochomorphus*

贝壳凸透镜形；右旋；螺旋部低锥形；黄褐色，缝合线下和龙骨下各有 1 条褐色色带；螺层数 6，螺层平坦，生长线细密；体螺层略向壳口方向下降，其周缘中央具锋利龙骨；壳口桃形，极倾斜；壳口缘上方直，余部反折；脐孔径约为壳径的 1/4；壳高 8 mm，壳径 21.5 mm。

● 分布：四川西北部。

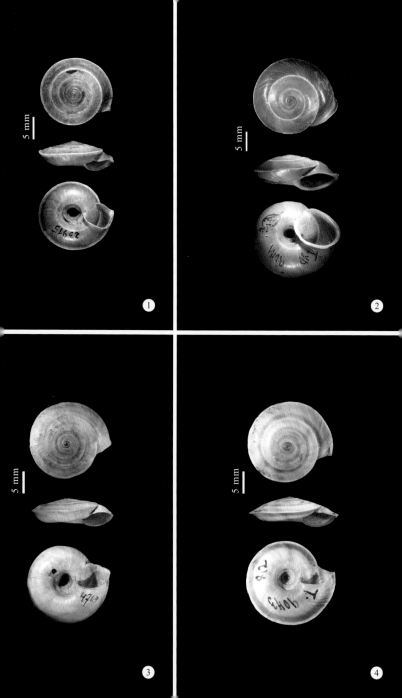

① **玛氏蛇蜗牛** *Pseudiberus mariellus*

贝壳凸透镜形；右旋；褐色，近脐孔色浅；螺旋部扁；螺层数 4.5，螺层坦，生长线倾斜并伴生颗粒；体螺层向壳口方向下降，中部上具白色龙骨；壳口白色，桃形，几连续，极倾斜；口缘除上方外略反折，不扩大，轴缘掩盖部分脐孔；脐孔径为壳径的 1/5 ~ 1/6；壳高 7.5 mm，壳径 18 mm。

● 分布：湖北和四川。

② **具带蛇蜗牛** *Pseudiberus zenonis*

贝壳凸透镜形；右旋；螺旋部小，低锥形；灰褐白色，黄褐色，缝合线和龙骨间有 1 条极细的褐色色带；螺层数 5.5，螺层较平坦，生长线细密、整齐；体螺层不下降，周缘中央具锋利龙骨；壳口大，桃形，极倾斜；壳口缘上方直，余部反折；脐孔小；壳高 7 ~ 8 mm，壳径 17 ~ 20 mm。

● 分布：山东。

③ **扭口蛇蜗牛** *Pseudiberus strophostomus*

贝壳圆锥形；右旋；浅褐色；螺层数 8.5；螺层平坦，生长线不明显；体螺层向壳口向突然下降，其周缘下部具角；壳口连续，卵圆形，几乎水平；口缘略扩大；壳高 6.25 mm，壳径 5 mm。

● 分布：甘肃和四川。

④ **华氏蛇蜗牛** *Pseudiberus wardi*

贝壳凸透镜形；右旋；浅铜色，龙骨白色，脐孔附近略浅至污白色；螺层数 5.75，具规则分布的小肋，密生螺旋向细沟；体螺层周缘中部略偏上具锋利龙骨突，缝合线上部具白色窄边；体螺层向壳口突然下降；胚螺层具整齐排列的细密颗粒；壳口桃形；口缘连续，厚而极倾斜，略扩大，下部反折；脐孔极阔；壳高 5.5 mm，壳径 18.5 mm。

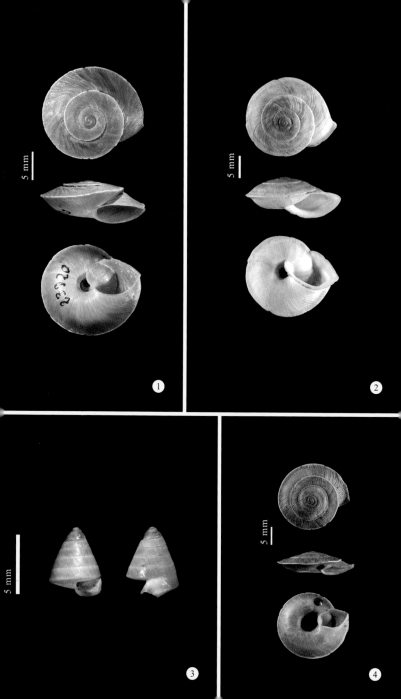

● 分布：甘肃东南部。

① 莫名蛇蜗牛指名亚种 *Pseudiberus innominatus innominatus*

贝壳扁透镜形；右旋。在周缘上下的部分几乎对称地鼓出；螺旋部锥形；红褐色，在脐孔和壳口部分褪至角褐色；螺层数 4.5，位于周缘上的螺层部分凹陷；所有螺层周缘具锋利的龙骨状突起；体螺层向壳口方向下降；壳口极倾斜，卵圆形；口缘薄，上部扩张、下部反折，与胼胝部联合呈连续口缘；脐孔狭窄，为壳径的 1/8 ~ 1/7；壳高 6 ~ 6.5，壳径 12 ~ 14.5。

● 分布：四川、湖北。

② 莫名蛇蜗牛重亚种 *Pseudiberus innominatus duplicatus*

与指名亚种一样，本亚种贝壳表面有密集颗粒，有时因磨损而仅见于较不外暴的部位；但本亚种螺层更扁平，个体通常更大，壳表更粗糙；壳高 5.25 ~ 7.25 mm，壳径 12.5 ~ 21.5 mm。

● 分布：湖北西部。

③ 中华盖蛇蜗牛 *Pseudiberus tectumsinense*

贝壳厚凸透镜形；右旋；周缘龙骨不规则；螺层数 5.5，螺层平坦；上部具有时分叉的强肋，肋间距较大；下部肋密集、汇聚；体螺层略向壳口向下降，其周缘中央下方具锐利的龙骨，龙骨波浪状；壳口桃形，略连续，极倾斜；口缘厚、扩大、翻折，轴缘略遮掩脐孔；脐孔小；壳径 16.5 ~ 21 mm。

● 分布：山东。

④ 玻氏假拟锥螺 *Pseudobuliminus potanini*

贝壳塔形；右旋；螺旋部高，茶褐色，肋略白；螺层数 11.5，粗肋整齐，凸出；螺旋沟与肋相割，纤细但明显；缝合线深凹；体螺层几乎不向壳口方向上升；壳口几乎不倾斜；壳口缘平直；轴柱上部扩大，反折；基部略平截；脐孔十分狭窄；壳高 21 ~ 22.5 mm，壳径 7.25 ~ 7.75 mm。

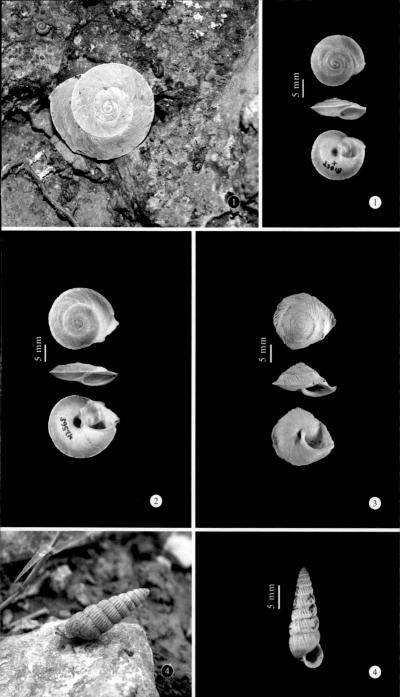

● 分布：甘肃南部。

① **多毛假拟锥螺** *Pseudobuliminus hirsutus*

贝壳塔形；右旋；褐色；螺层数 12，螺层凸出，生长线纤细；体螺层最膨大，周缘圆整；壳口近圆形；脐孔狭缝状；壳高 19 mm，壳径 6.25 mm。

● 分布：四川北部。

② **细纹假拟锥螺** *Pseudobuliminus gracilispirus*

贝壳长锥形；右旋；土黄－褐色；螺层数 9，螺层极凸出，生长线清晰；体螺层最膨大；壳口截卵圆形，倾斜；除轴缘上方外，口缘几乎不扩大；脐孔狭缝状；壳高 14～15 mm，壳径 5.33～5.5 mm。

● 分布：四川。

③ **假拟锥螺指名亚种** *Pseudobuliminus buliminus buliminus*

贝壳卵锥形；右旋；壳顶尖，栗色，条纹不规则；螺层数 8；螺层略凸出；体螺层周缘圆整；壳口简单；口缘内具唇；壳高 16 mm。

● 分布：甘肃、陕西和四川。

④ **假拟锥螺具纹亚种** *Pseudobuliminus buliminus strigatus*

与指名亚种相比，具灰白色和角色的细条纹；壳高 12～16 mm，壳径 6.5～7.75 mm。

● 分布：甘肃、四川和重庆。

⑤ **拟罐假拟锥螺** *Pseudobuliminus subdoliolus*

贝壳长卵形；右旋；壳顶钝；螺层数 12，螺层较平；生长线纤细，上具密集毛痕；壳口圆；轴柱垂直；壳高 11～12.5 mm，壳径 4.5～5 mm。

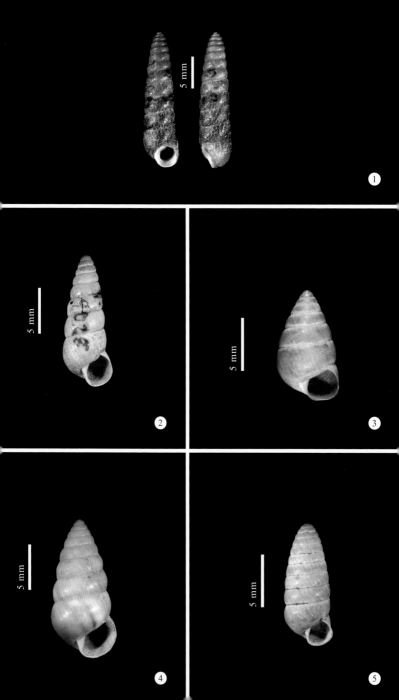

● 分布：湖北西部。

① **似柱假拟锥螺** *Pseudobuliminus subcylindricus*

贝壳长卵形；右旋；壳顶尖；土黄－褐色；螺层数8.5，螺层凸出；生长线纤细，上具密集的毛痕，贝壳最膨大部分出现于体螺层和次体螺层，但前者稍大；体螺层略向壳口向上升；壳口几乎联系，圆卵圆形，很少倾斜；口缘几不扩大，内唇阔；壳高14.5 mm，壳径6 mm。

● 分布：甘肃南部。

② **玛瑙假拟锥螺** *Pseudobuliminus achatininus*

贝壳柱圆锥状；右旋；坚实；橄榄－褐色；螺层数12；螺层略凸出，生长线纤细、与螺旋向细沟交织，体螺层最膨大，不向壳口方向上升或下降；壳口圆三角形，倾斜；壳口缘直，仅在轴缘反折；轴柱倾斜，在底部略平截；壳高20.5 mm，壳径7 mm。

● 分布：四川和甘肃。

③ **具毛假拟锥螺** *Pseudobuliminus piligerus*

贝壳卵锥形；右旋；壳顶尖；坚实；角褐色；螺层数9.5，螺层凸出；体螺层周缘圆整，约与螺旋部等高，且不向壳口向上升；壳口圆，倾斜；口缘略扩大，内具唇，壳高17.5～20.5 mm，壳径10～11 mm。

● 分布：甘肃南部和四川西北部。

④ **锥形假拟锥螺** *Pseudobuliminus buliminoides*

贝壳锥形；右旋；褐白色，有光泽；螺层数7～9；螺层略凸出；生长线不清晰；体螺层在周缘中央下方具钝角，不向壳口向下降；壳口缘略厚，反折；壳高10～13 mm。

● 分布：安徽和江苏。

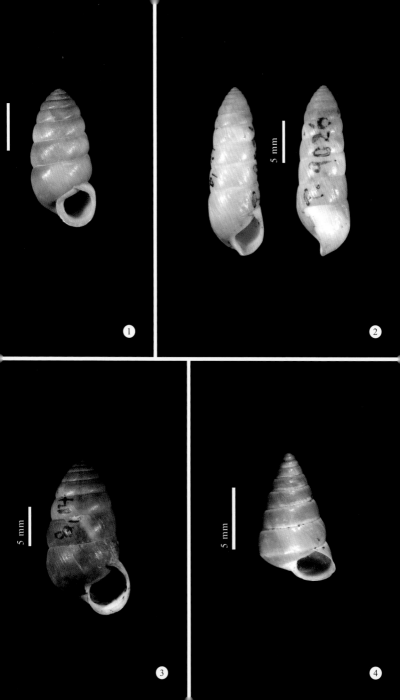

① 塔假拟锥螺 *Pseudobuliminus conoidius*

贝壳锥形；右旋；螺层数 7，螺层凸出，生长线纤细；体螺层最膨大，其周缘圆整；壳口月形；口缘锋利，不扩大，仅在轴缘上部反折；壳高 5 mm，壳径 7 mm。

● 分布：重庆。

② 挣动假拟锥螺 *Pseudobuliminus certus*

贝壳纤细塔形；右旋；浅黄色，半透明；螺层数 9，螺层略凸出；最后 3 层同样膨大；壳口倾斜，下部略宽；口缘反折；脐孔未被遮掩；壳高 19.3 mm，壳径 5.7 mm。

● 分布：台湾南部。

③ 或然假拟锥螺指名亚种 *Pseudobuliminus incertus incertus*

贝壳长卵锥；右旋；壳质薄，黄色，壳口白；有光泽；螺层数 10，螺层凸出，生长线纤细；体螺层最膨大；壳口月圆形；壳口略扩张，反折；壳高 11.25 ~ 12.2 mm，壳径 4.5 ~ 4.8 mm。

● 分布：台湾南部。

④ 或然假拟锥螺刻氏亚种 *Pseudobuliminus incertus krejcii*

贝壳高塔形；右旋；螺层数 11，螺层较凸出，增长均匀；生长线纤细、密集；体螺层宽略大于高；壳口倾斜，在下部较阔；轴柱着生处宽；壳高 11.4 ~ 12 mm，壳径 4.8 ~ 5.1 mm。

● 分布：台湾。

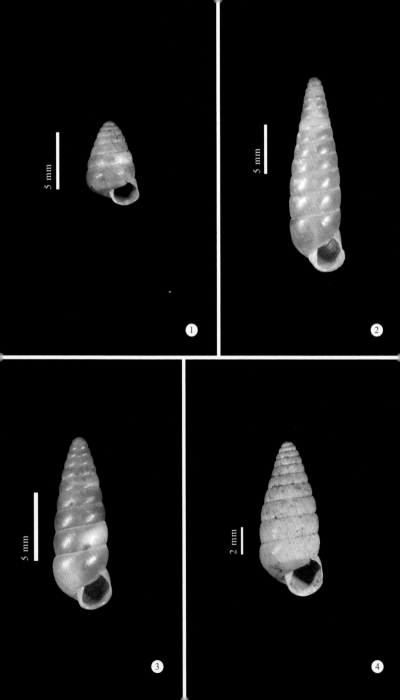

① 似罐假拟锥螺 *Pseudobuliminus paradoliolus*

贝壳柱锥形，右旋；壳顶钝圆椎状；角褐色，略具光泽；螺层数 11.5 ～ 12，螺层增长缓慢；体螺层不明显地向壳口方向上升；壳口十分倾斜；壳口缘略扩张；壳高 13 ～ 16 mm，壳径 6 mm。

● **分布**：湖北西部。

② 摩氏亮盘螺 *Stilpnodiscus moellendorffi*

贝壳扁；右旋；坚实；极富光泽；白色，周缘和缝合线下各有 1 条棕色色带；半透明；螺层数 5.88 ～ 6.25，螺层扁平，增长缓慢，具稀疏分布的不规则螺旋向细沟；胚螺层光滑；体螺层周缘圆整，不向壳口方向下降；壳口圆钝菱形；壳口缘不反折，厚；胼胝部半透明但明显；轴柱短，几乎垂直；轴唇不扩大；生殖系统中，矢囊具 2 个附属囊；脐孔宽阔，约为壳径的 1/4；壳高 8.6 ～ 10.5 mm，壳径 21.7 ～ 24.6 mm。本种与阎氏亮盘螺同域栖息，从贝壳几不可区分，但生殖系统不同。

● **分布**：甘肃南部。与亮盘螺的其他蜗牛一样，本种为我国蜗牛中除蛹状螺科物种外最具有光泽的种类。

③ 阎氏亮盘螺 *Stilpnodiscus yeni*

贝壳扁；右旋；坚实；极富光泽；白色，周缘和缝合线下各有 1 条棕色色带；半透明；螺层数 5.75 ～ 6.13；螺层扁平，增长缓慢，具稀疏分布的不规则螺旋向细沟；胚螺层光滑；体螺层周缘圆整，不向壳口方向下降；壳口圆钝菱形；壳口缘不反折，厚；胼胝部半透明但明显；轴柱短，几乎垂直；轴唇不扩大；生殖系统中，矢囊具 1 个附属囊；脐孔宽阔，约为壳径的 1/4；壳高 8.7 ～ 11 mm，壳径 21.7 ～ 24.6 mm。

● **分布**：甘肃南部。

5 mm

① 扁平毛巴蜗牛 *Trichobradybaena submissa*

贝壳扁球形；右旋；壳顶钝；通体黯淡的角棕色；脐孔径约为壳径的 1/4；螺层数 5.8～6；缝合线深陷；胚螺层具放射状分布的精细颗粒；随后螺层具小结节，上生渐细的角质毛；体螺层多少向壳口方向下降；周缘圆整；壳口卵圆形，倾斜；唇内部薄，很少扩大；交接器短而膨大；恋矢长约 4 mm；矢囊不及粘液腺长，其附囊囊腔极小；粘液腺柄部明显；纳精囊管短；壳高 5.9～8.2 mm，壳径 11.8～14.9 mm。

● 分布：藏东、四川、重庆、贵州、甘肃等地。在分布地为最常见、生物量最大的蜗牛之一，尽管在人工环境中数量巨大，但通常不见其造成明显螺害。

② 瘤毛巴蜗牛 *Trichobradybaena tuberculata*

贝壳凸透镜形；右旋；壳薄而坚固；略有光泽，褐色、底部略浅，龙骨白色；螺层数 5.5～6.25，螺层较扁平；缝合线上螺层抬出；幼体及成体在壳表均具精细而密集的角质鳞；体螺层周缘中央上部具锋利龙骨，螺层不向壳口方向上升或下降；壳口圆角的菱形，倾斜；口缘在外部和基部扩大，基部具唇；脐孔径约为壳径的 1/5；壳高 6.81～9.34 mm，壳径 15.84～20.87 mm。

● 分布：四川西北部。

坚螺科 Camaenidae

③ 海南坚螺指名亚种 *Camaena hainanensis hainanensis*

贝壳卵球锥形；右旋；橄榄－土黄色壳，在体螺层周缘中部具黑栗色色带，壳口白色；螺层数 5.5，具条纹和粗糙雕饰；上部螺层较平坦，之后螺层凸出；体螺层鼓，周缘圆整，向壳口方向略下降。脐孔被反折的轴缘半掩；壳口圆角的长方形；口缘薄，扩大；轴柱倾斜；壳高 39～41 mm，壳径 42～46 mm。

● 分布：海南。

❶ 皱疤坚螺指名亚种 *Camaena cicatricosa cicatricosa*

贝壳卵球形；左旋；壳顶钝，通体草黄色或角棕色；脐孔被反折的轴缘半掩；螺层数 5.75，除螺旋部螺层几近扁平外，螺层较凸出；具无数或粗或细的螺旋向栗色色带，上方毗邻周缘具最粗的色带；具密集的褶皱、螺旋向沟和锤痕；体螺层不向壳口方向下降；壳口月形，内部带粉红调的白色；口缘白色，反折；壳高 26 ～ 32 mm，壳径 40 ～ 48 mm。

● **分布**：广东、广西、香港、贵州等地。

❷ 平齿坚螺 *Camena platydon*

贝壳扁球形；右旋；脐孔被轴唇遮盖；坚实；最初 2 个螺层有光泽，牛角色；余部白色；具 5 条栗色色带：在缝合线下方、周缘处及以上 2 条色带间各有 1 条，底部及环脐孔色带各 1 条，上部 3 条多被白色点或条纹间断；表面密被细微的颗粒；螺层数 5.5，螺层微微凸起；螺旋部较低扁。壳口极倾斜；口缘反折，近轴唇处具一微凸的扁平齿；壳高 18 mm，壳径 27 mm。

● **分布**：海南和广东。

❸ 毛小丽螺 *Ganesella esau*

贝壳球形；右旋；深角色；螺层数约 4；螺层凸出；体螺层向壳口方向下降，其周缘圆整；壳口圆，倾斜；口缘均匀略扩大，反折；脐孔径为壳径的 1/4 ～ 1/3；壳高 2 mm，壳径 5 mm。

● **分布**：湖北。

❹ 正小丽螺 *Ganesella microbembix*

贝壳锥形；右旋；螺层数 8 ～ 9；螺层略凸出；体螺层不向壳口向下降，其周缘中央以下具锋利龙骨；壳口倾斜，除上、外侧外扩大，略反折；轴柱倾斜；脐孔深狭；壳高 5 mm，壳径 5.5 ～ 6 mm。

● **分布**：湖北。本种系栖息于枯枝败叶层的蜗牛。

主要参考文献

··

- Bouchet, P. & Rocroi, J. P. 2005. Special issue: Classification and nomenclator of gastropod families. Malacologia, 47(1/2), 397 .
- Heude, P.-M. 1882-1890. Notes sur les mollusques terrestres de la vallée du Fleuve Bleu. Mémoires Concernant L'Histoire Naturelle de L'Empire Chinois, (1): 1-84 ; (2): 89-132 ; (3): 133-178.
- Kerney, M. P. & Cameron, R. A. D. 1979. A Field Guide to the Land Snails of Britain and North-West Europe. Collins: London. 288 pp, 24 pls.
- Möllendorff, O. F. von 1901. Binnen-Mollusken aus Westchina und Centralasien. II. Annuaire du Musée Zoologique de l'Académie Impériale des St.-Petersburg, 6: 299-404, Taf. XII-XVII.
- Nordsieck, H. 2012. Check-list of the Clausiliidae of mainland China (Gastropoda, Stylommatophora). Acta Conchyliorum, 12: 63-73.
- Yen, T. C. 1939. Die chinesischen Land-und Süßwasser-Gastropoden des Natur-Museums Senckenberg. Abhandlungen der Senckenbergischen Naturforschenden Gesellschaft, 444, 1–234, pls. 1–16.
- Yen, T. C. 1942. A review of Chinese gastropods in the British Museum. Proceedings of the Malacological Society of London, 24: 170-288, pl. 11-28.

生态照片摄影

张巍巍 平齿坚螺、海南坚螺指名亚种、瓦伦西亚列蛞蝓（2张）、双线嗜粘液蛞蝓、封面

小　骨 南京环口螺、康氏奇异螺指名亚种、欧氏大脐蜗牛中华亚种、同型巴蜗牛

范　毅 高突足襞蛞蝓、川高山蛞蝓、双线嗜粘液蛞蝓、封底

陈　尽 多毛环肋螺齿边亚种、多毛环肋螺皖南亚种

张　信 褐云玛瑙螺

莫水松 皱疤坚螺指名亚种

寒　枫 似射带蜗牛

单子龙 野樱蛞蝓

汪　阗 灰尖巴蜗牛

程志营 德氏脐厚螺

杨　妙 枕圈螺

除以上生态照片，其余生态照片及标本照片均为作者拍摄。

图鉴系列

中国昆虫生态大图鉴（第2版）	张巍巍　李元胜
中国鸟类生态大图鉴	郭冬生　张正旺
中国蜘蛛生态大图鉴	张志升　王露雨
中国蜻蜓大图鉴	张浩淼
青藏高原野花大图鉴	牛洋　王辰 彭建生
中国蝴蝶生活史图鉴	朱建青　谷宇 陈志兵　陈嘉霖
常见园林植物识别图鉴（第2版）	吴棣飞　尤志勉
药用植物生态图鉴	赵素云
凝固的时空——琥珀中的昆虫及其他无脊椎动物	张巍巍

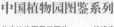

野外识别手册系列

常见昆虫野外识别手册	张巍巍
常见鸟类野外识别手册（第2版）	郭冬生
常见植物野外识别手册	刘全儒　王辰
常见蝴蝶野外识别手册	黄灏　张巍巍
常见蘑菇野外识别手册	肖波　范宇光
常见蜘蛛野外识别手册（第2版）	王露雨　张志升
常见南方野花识别手册	江珊
常见天牛野外识别手册	林美英
常见蜗牛野外识别手册	吴岷
常见海滨动物野外识别手册	刘文亮　严莹
常见爬行动物野外识别手册	齐硕
常见蜻蜓野外识别手册	张浩淼
常见螽斯蟋蟀野外识别手册	何祝清
常见两栖动物野外识别手册	史静耸
常见椿象野外识别手册	王建赟　陈卓
常见海贝野外识别手册	陈志云
常见螳螂野外识别手册	吴超

中国植物园图鉴系列

华南植物园导赏图鉴	徐晔春　龚理　杨凤玺

自然观察手册系列

云与大气现象	张超　王燕平　王辰
天体与天象	朱江
中国常见古生物化石	唐永刚　邢立达
矿物与宝石	朱江
岩石与地貌	朱江

好奇心单本

昆虫之美：精灵物语（第4版）	李元胜
昆虫之美：雨林秘境（第2版）	李元胜
昆虫之美：勐海寻虫记	李元胜
昆虫家谱	张巍巍
与万物同行	李元胜
旷野的诗意：李元胜博物旅行笔记	李元胜
夜色中的精灵	钟茗　奚劲梅
蜜蜂邮花	王荫长　张巍巍　缪晓青
嘎嘎老师的昆虫观察记	林义祥（嘎嘎）
尊贵的雪花	王燕平　张超